エネルギーQ&A

東京大学大学院工学系研究科
システム創成学専攻　教授
大橋弘忠

エネルギーQ&A

はじめに

　二〇世紀の後半から今日まで、社会は大きく変化してきました。

　一番変わったものは何でしょうか。やはり情報の流れでしょう。今ではスマートフォンやパソコンによって誰でも日本中、世界中の情報、データにアクセスすることができるようになりました。顔を合わせたことのない遠くの人と日常会話を交わすこともできます。

　新しいアイデアの登場や新しい商品の開発が進められ、快適で利便性の高い生活を送ることができるようになっています。人工知能を備えたスピーカーに向かって、気恥ずかしくなく話しかけるようになっていくでしょう。

　社会のあり方についての考え方とそれを受けた社会の仕組みも大きく変わってきました。行政機関の窓口の対応はとても丁寧になり、お医者さんに治療費以外の謝礼を包む必要がなくなり、大学の先生はそうそう学生を怒ることができなくなりました。

　変わっていないこともいくつかあります。ひとつが教育内容です。小学校から大学の教養課程までの間、教える内容、教わる内容は、五〇年前とほとんど変わっていません。科目名の変更、覚える漢字の入れ替え、円周率の桁数など多少の変更はあるのですが、基本的な教育内容は同じままです。

　現代社会は大小さまざまな問題であふれています。家庭内、友人間からコミュニティや組織内、地方自治体から国レベル、さらには世界でグローバルに取り組む必要のあるものまで多様な課題に取り囲まれています。エネルギー問題もこのひとつです。社会の基軸となるエネルギー。これをどう選択してエネルギー安全保障をどう確保していくか。わたしたちはうまく対応していくことができるでしょうか。

　このような問題には残念ながら単純な解決方法はありません。問題が複雑で複合化しており、いろいろな条件や制約を考える必要があります。そもそも問題を解く、問題を解決するということ自体をあらためて考えなければなりません。

　わたしたちの考え方、すなわち問題へのアプローチとその解決方法は、若年期から青年期の教育によって形づくられます。この教育が五〇年前と同じですから、わたしたちがもっている考え方やツールは五〇年前と何ら変わっていないことになります。

　この間に科学技術の分野で大きな変革が起きていま

す。この代表が複雑システムという考え方です。

かつての科学は、あらゆるものは細かく分析していけば普遍的な世界、つまり真理に近づくことができると考えていました。しかし、そうではないことがわかってきました。人間の体を細かく分けていくと、やがて炭素、水素、窒素、酸素などの元素の集まりになります。これを理解したからといって、人体の複雑な生理機能、人間の運動、脳の高機能な判断については何もわかりません。

複雑システムはものごとの成り立ちや捉え方を根本的に変える見方です。自然でも生物でも社会でも同じです。本来は教育の内容に取り入れるべきですが、なかなかそうはなっていません。

本書はエネルギーレビュー誌のエネルギーQ＆Aというコーナーで、二〇一二年七月号から二〇一六年八月号まで連載した内容に特別編を加えたものです。

タイトル倒れかも知れませんが、エネルギーの技術的な側面を解説するものではありません。そうではなく、複雑系、システムという視点から、エネルギーに代表される現代的課題を考える新しい考え方やモデルを紹介したものです。

どこから読んでいただいても構いません。現代社会がどう動いているか。意思決定をするには何を考えるべきか。あふれる情報をどう扱うべきか。本書の内容が、読者がこのようなことを考える場合の新しい視点になり、有用なツールになれば幸いです。

このような無謀な連載を許していただき、温かくご支援いただいたエネルギーレビュー誌の編集委員会と編集部に感謝します。

エネルギーQ&A　目次

エネカさん
あっ、大橋先生！エネルギーについてのQ&Aを始められると聞いたのですが
大橋先生
ええ。エネルギーの個別の内容は、本誌やインターネットで見てもらい、
ここではエネルギーについてのいろいろな情報をどう考えれば良いのか、考え方や視点について議論したい
もちろん技術的なことも組み込んでいきたいね

第1回 スケーリング

先生！今日の話題はどうしましょうか
スケーリングではどうかな

スケーリング？ スケールって、物差しのことですね。

そう。スケーリングとは、ものの長さや大きさ、規模を変えていったときにどうなるかということ。プラモデルでも、一〇分の一スケール、五〇分の一スケールってあるだろう。じゃあ初めに、スポーツについて考えてみよう。体操選手は小さい方が有利だって言うけど、どうしてかな。

いきなり先生から質問ですか。う~ん。そりゃあ背が小さい方が小回りが効きそうですよね。

思ってもいなかった答だが、良い答だね。長さと面積と体積の関係を考えてみよう。どんな形

でも良いが、ある長さの直線、これを辺とする正方形、この正方形を面とする立方体が考えやすい。ここで、直線の長さを二倍にする。正方形や立方体も辺の長さを二倍にして大きくすると、正方形の面積と立方体の体積は何倍になるかな。

これは簡単です。面積は四倍、体積は八倍ですね。

そう。面積は長さの二乗、体積は長さの三乗で増えていく。重さは、比重が同じなら体積に比例するので、やはり長さの三乗で増える。体操選手に当てはめてみよう。選手の体重は身長の三乗に比例して大きくなる。その体重を支え、力を出すのは筋肉と骨。筋肉や骨の力は、筋肉、骨の断面積がどれぐらいかで決まる。面積だから、力は身長の二乗でしか大きくならない。

わかりました。体重は身長の三乗で大きくなるのに、力は二乗でしか増えないので、身長が大きいほど、重さを支える力が相対的に小さくなる、つまり不利ということですね。

その通り。体操は、重力を直接受けて支える場面が多い競技だから、一般的には身長が小さいほど有利、大きいほど不利と言えるだろう。生物の体形も同じ。小動物は細い手足で俊敏に動ける。ゾウやカバは、長さの三乗で増える巨大な体重を支えるために太い足が必要になる。これがスケーリング。長さや規模を変えていくときに、他の性質がどう変わっていくかを考える。

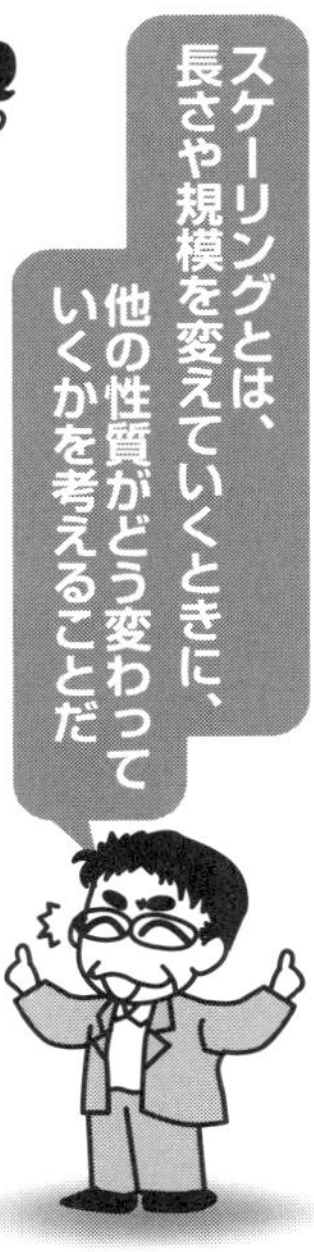

エネルギーとはどう関係するんでしょうか。

エネルギーでも、このスケーリングという見方が大事だね。福島の原子力事故以降、エネルギー問題が議論される機会がたくさんある。そういう中で、太陽光や風力、地熱、波浪、さては足踏み発電などまで、さまざまな新しいエネルギーが登場している。足踏みしたら豆電球が灯った、実験装置でうまくいった、資源としてたくさんの量がある、こういうことが報告される。

良いことですね。

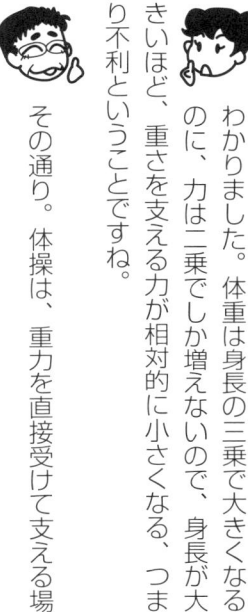

もちろんそうだ。しかし、豆電球が灯ること、一軒の家で電気が節約できること、都市機能が維持できること、産業社会を支えること、これらはまったくスケールが違うことだね。スケールの違いを考え、スケーリングという視点で見ていくことが大切だ。間違った期待をもったり、努力の向け先を誤ったりするのを防げる。

期待が高まっているのは、太陽光発電、風力発電ですね。

こういう自然エネルギーは、エネルギーの密度が小さく、天候まかせで安定しないという課題を抱えている。女心と秋の空…。

先生、ピィ〜。イエローカードです。

ゴメンゴメン。もうひとつ課題がある。スケーリングからだ。エネルギーが面積で決まるので、エネルギーを増やすには面積を比例して大きくしていかなきゃならない。普通、エネルギーは体積で決まる。二リットルの石油のエネルギーは一リットルの石油の二倍だ。スケールアップしたければ、乱暴に言えば、体積を出力に応じて大きくしていけば良い。出力が一〇万キロワットの発電設備を一〇倍の一〇〇万キロワットにするのは、発電部分の長さを二倍ちょっと、面積で言えば四・六倍ほど大きくすれば良い。原子力や火力では、発電所の中で発電部分が占める面積は小さいので、出力が一〇倍になっても発電所の面積をそれほど広くする必要はない。

そうですね。大容量の冷蔵庫が売れていますが、二倍の容量になってもそう大きくはならないですね。じゃあ、太陽光や風力発電は、どれぐらいの面積を考えておけば良いでしょうか。

結局、自然エネルギーでは、エネルギーを大きくするには面積を広げていくしかない。二倍にするなら二倍の面積、一〇倍なら一〇倍の面積が必要になる。良く引用されるのが、東京の山手線内の面積、約七〇平方キロとの比較だ。標準的な原子力発電一基の出力は一〇〇万キロワット。この一基と同じ電力を出すには、太陽光だと山手線の内側の面積と同じ面積が必要になる。風力だと山手線内面積の三・五倍が必要と試算されている。

自然エネルギーで、
エネルギーを大きくするには
面積を広げて
いくしかないんだ

そんなに必要なんですか。土地代はいくらになるのやら。

土地代といっても、実際に山手線の中につくるわけではないからね。ただし、この試算には反論もある。太陽電池パネルの性能が上がれば面積は少なくて済む、比べる対象の原子力発電所でも、やはり広い敷地が必要だ、などの意見だ。

なんか、好きなエネルギーの悪口を言うな、AKBのだれ推し、みたいな雰囲気ですね。

こういう議論では、それでは自然エネルギーに反対するのかというイデオロギー論争になるが、課題を口にする人が自然エネルギーに反対しているわけではない。そうではなく、エネルギーの特性から来る問題を考えておく必要があるってこと。太陽光や風力は、面積で受けるという特性がある。それで、スケールアップするのに、比例して面積を広げていかなければならない。家庭の屋根に設置して電気の節約に役立てることと、一〇〇万キロワット、またその何倍ものスケールで社会へ本格的に導入するときに、まったく違う点が出てくることを考えておかなければならない。土地の利用にしてもそうだ。原子力発電所の敷地に比べてはるかに広い土地が必要になるが、この広さの違いはさておいても、土地の使い方が根本的に違う。何十平方キロという面積を太陽電池パネルで覆い尽くすことが必要だ。生態系に与える影響や社会環境として、検討しておかなければならないだろう。

スケーリング、つまり規模を大きくしていくときの特性を社会として良く考える必要があるってことですね。

そう。自然エネルギーは貴重だ。開発と導入に努力していくことが大切。しかし、スケールを大きくしていくことはそう簡単ではない。影響や姿の分析が必要だ。

今度からスポーツを観るのにもスケーリングを考えてみます。ありがとうございました。

あっ、大橋先生！お聞きしたい事があるんです
どうしました？
実は、私が住んでいるマンションで、ちょっとしたトラブルがあるのですが…

第２回 共有地の悲劇

二年ほど前にできたマンションです。その自転車置き場、駐輪場です。最初は、自転車は一戸に一台という決まりでした。

良くあるルールだね。

駐輪場に少し余裕があること、自転車を持たない家庭もあって、空いているならウチはもう一台置くという家がでてきました。そうすると、それならウチも、ウチもとなって、今度は上の子の自転車だけともいかないから、下の子用にもと、どんどん増えて行きました。もう今じゃ、自転車が増え過ぎて、駐輪場から自転車を出すだけでもひと苦労。中には、マンションの玄関に駐輪する不届きな人まで出てきてます。

話し合って解決できないの。

ラチが明きません。話し合っても、ウチは二台ないと生活に困る、持っている自転車を捨てろと言うのか、子供を優先しろ、孫が自転車で遊びに来るので一台分空けておいてくれ、などなどです。

共有地の悲劇ってやつだね。

共有地の悲劇？
シェークスピアですか。

いや。この手の問題を共有地の悲劇と呼んでいる。ある村に共有の牧草地があったそうだ。村の農家はそれぞれ一頭ずつ羊をもち、この牧草地で放し飼いにしていた。羊は牧草を食べるが、その分は牧草が成長して補い、毎年毎年、各農家は羊毛で利益を得ていた。ある農家が考えた。羊を二頭飼えば利益が二倍になるじゃないかと。それでその農家は二頭に増やし、二倍の利益を得た。

何となくわかってきました。

それを見ていた他の農家。それじゃあウチも、ということで、それぞれ二頭に増やし、三頭にするところまで出てくる始末。牧草地は、一挙に増えた羊に食べ尽くされ荒地に。共用の牧草地は荒地となって、すべての農家は羊を手放すことになったというお話。

駐輪場と一緒ですね。

これが共有地の悲劇だ。みんなで共有するリソース。駐輪場や牧草地、お金、モノ、空間、環境、資源…これらは過剰に利用される。ついには利用し尽くされてしまう傾向をもっている。

そういえば似たようなことはたくさんありますね。駅前の駐輪場もそうだし、家庭ゴミを公共施設のゴミ箱へ持ち込む人。漁場で魚を獲り尽くしてしまうってのもこれですね。

まずモラルが期待されるが、現実には規則や罰則で対策しなければならない場合が多いだろう。生活保護費の不正受給問題。これも同じ。社会が用意した共有のリソースの悲劇だ。モラルも問われるが、国民の富の逸失を放置しておく政治の責任が大きいね。

社会が用意した共有の
リソースの悲劇は、
モラルも大事だが
政治の責任も大きいね

エネルギーではどうですか。

エネルギーに関係する環境問題はすべて共有地の悲劇だ。環境、水、空気などは全部社会の共有のリソース。自分ひとりぐらいなら、ちょっとぐらいなら、ということが積み重なってリソースの過剰利用が進む。エネルギー利用から生じるのは、騒音、景観劣化、粉塵、酸性雨などの迷惑、公害、ゴミ問題。地域の問題が切実だが、地球環境も同じ。二酸化炭素放出による温暖化問題も同じ構造だ。

きびしいですね。

もっときびしいのがある。石油や天然ガスを使うことだ。

エッ、石油や天然ガスを使って二酸化炭素を出すことが地球環境問題になるのはわかるのですが、使うだけでも共有地の悲劇なんですか。

そう。こちらの方がはるかに切実だ。今の文明社会は、エネルギー、特に石油で成り立っていると言って良い。石油がなければ、電気を始め、車や飛行機の燃料、プラスチックなどの化学製品、衣料品や医薬品などあらゆるところに障害がでる。石油は文明社会の基盤だ。

そうですね。

石油はとても貴重なリソースだ。産出地が偏在しているとは言え、本来は、人類が共有して有効に利用していかなければならない。その石油を猛烈な速さで使い、使い尽くそうとしているのが人類、正確に言えば先進国だ。

牧草地と同じですね。

しかし、今さら世界全体が二〇〇年前にタイムスリップすることもできないから、石油の過剰利用は止められないだろう。そうすると、私たちにできることはふたつだ。ひとつは、代わりになるものを技術開発すること。エネルギー源として原子力や自然エネルギーを開発し使う。ガソリンに代わるジェット燃料、合成燃料の開発も必要だろう。

車は電気自動車や、水素も燃料になると聞きましたが。

電気や水素は何でつくるんだい？　電気自動車

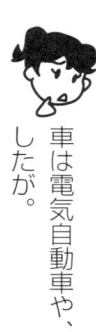

も水素燃料も、電気や水素をつくるのには別にエネルギーが必要になる。もうひとつ考えるべきことは、いずれ牧草地が荒地になるにしても、飼えるからといって一軒で二〇頭も三〇頭も羊を飼うことの反省だ。地球上には石油やエネルギーの便利さを受けていない人が少なからずいる。そういう人々のために石油を温存する。貴重な石油を燃やしてしまうのではなく、原子力で代替する。先進国のノブリス・オブリージュじゃないだろうか。

貴重な石油を燃やして
しまうのではなく、
後世のために温存しよう

気品ある者の責務という意味ですね。結局、共有地の悲劇というのは、まずは自分が得をしてという人間の性《サガ》ですか。

そう言ってしまうと身も蓋もないが、その通りだね。ただ進化の歴史に深く根差しているんじゃないか。生物は、そのときどきの環境や条件の変化に合わせて進化してきた。そのときどきの環境が対象であって、将来こういう環境になるから、ということは考慮されない。進化というのは、大げさに言えば、その日暮らしの積み重ねだ。

そうですね。予知能力があるわけでもないし。

それで、将来のこと、将来の条件変化を考えるのが苦手なのだろう。ところが人間には文化がある。人や自分の権利を考え、公平性に配慮し、協力して社会を構成してきた。科学技術をもって将来を予測し、技術開発をしていく能力を備え、高めてきた。人間以外の生物は、これができない。エサを食べ尽くす、排泄物が処理できないことから絶滅してしまった生物も数多くいるだろう。しかし人間は生物とは違う。文化の力、たとえば協力、公平という考えや、技術開発によって、共有地の悲劇を克服する可能性をもっているのではないだろうか。

ありがとうございました。では、私のマンションの駐輪場問題はどうすれば良いでしょうか。

学者というのは、大きいことを言うのは得意だが、個別の問題については苦手なんだ。

あっ、大橋先生！
ＡＫＢ総選挙は
ご覧になりましたか
えっ？
ええ、まあ…

第3回 リッチ・ゲット・リッチャー

友だちの間では、コメントに感動とか、ファンから選挙権でお金をむしり取るとか、いろんな意見がありました。ところでリッチ・ゲット・リッチャーって何ですか。

お金持ちが、よりお金持ちになるってこと。

それがエネルギーと関係するんですか。

社会に見られる分布が、こんなふうに変わってきているんだ。エネルギーの使用量も、ＡＫＢの選挙結果も同じだね。

お金だけでなく、人気や売り上げ、使用量など持てるところに集まっていくということですか。

そう。勝ち組がますます勝ち組になる。最初にまずランダムから生ずる分布を考えてみよう。

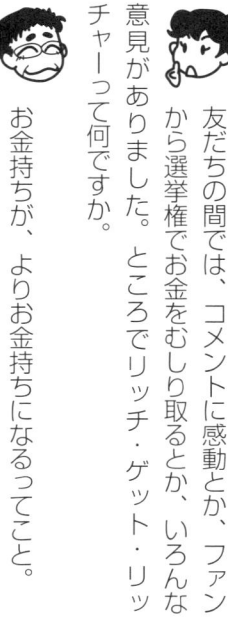

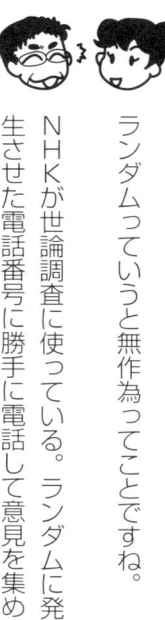

ランダムっていうと無作為ってことですね。

ＮＨＫが世論調査に使っている。ランダムに発生させた電話番号に勝手に電話して意見を集める。人の迷惑を考えない組織だね。

先生、余計なことは言わない。

一〇〇人の人がある場所にいる。それぞれサイコロを振って、自分のサイコロの出た目の歩数だけ同じ方向に動くとしよう。サイコロの目が一なら一歩、五なら五歩移動する。これを全員が一〇〇回繰り返

すと、一〇〇人がどこにいるか。この分布を考えよう。もちろん一歩の長さはみんな同じとする。

サイコロの目の平均は三・五だから、一〇〇回だと三五〇歩のところが平均ですね。

そう。もし一ばかり出れば一〇〇歩、六ばかり出れば六〇〇歩だが、そんな人はまずいない。だいたい平均になるが、バラツキがあるから、平均のまわりに分布する。ほとんどの人は三〇〇〜四〇〇歩の範囲に入るだろう。一〇〇人の分布は、三五〇歩のところをピークに両側に少なくなっていく形になる。図に描くと、ベルを逆さに伏せたような形だ。分布の広がりがバラツキを示す。

ランダムさから生ずる分布はどれもこうなるんですか。

身長、運動能力、勉強の成績、取れたリンゴの大きさなどもそう。平均が最も多く、左右にバラツキをもつ。大きく上回る人や極端に少ない人はいない。

平均の二倍の身長の人や二分の一の身長の人はまずいないですね。

ところが、社会に見られる分布の多くがこれとは違ってきている。ＡＫＢ総選挙。候補者が二三七名で総投票数が一三八万票。候補者ひとり当たりの平均は約五八〇〇票になる。

もし、みんながランダムに投票するなら、五八〇〇票を中心に上下にばらつくわけですね。

そうなら四八〇〇〜六八〇〇票あたりに多くの候補者が入るだろう。一万票を取るような人はほとんどいないはずだ。ところが実際は、一位が一〇万票を超えた。二位、三位は七万票を上回り、一万票以上の人が三一人もいた。

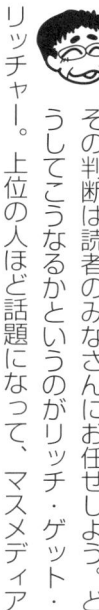

一〇万票超えですか。一票一〇〇〇円として一億円以上。愛なのか金なのかわかりませんね。

その判断は読者のみなさんにお任せしよう。どうしてこうなるかというのがリッチ・ゲット・リッチャー。上位の人ほど話題になって、マスメディアへの露出も増える。誰が何位になるか、前回より上がれるかといった騒がれ方をする。それで、リッチ、つまり上位の人ほど興味を集め、票が集まりやすくなって、ますますリッチになっていく。

平均のまわりにばらつくのではなく、少数の人にどんどん票が集まるということですね。

その通り。所得の分布も同じだ。平均年収が五〇〇万円だとしても、四〇〇万円から六〇〇万円の範囲に多くの人が入るような分布にはなっていない。平均より低い所得の人がたくさんいるし、文字通りリッチ・ゲット・リッチャーで平均の五倍、一〇倍以上の所得の人もずいぶんといる。この所得の不均衡が加速しつつあるのが、アメリカ、中国をはじめとした全世界の傾向だ。不公平の行き過ぎになりつつある。

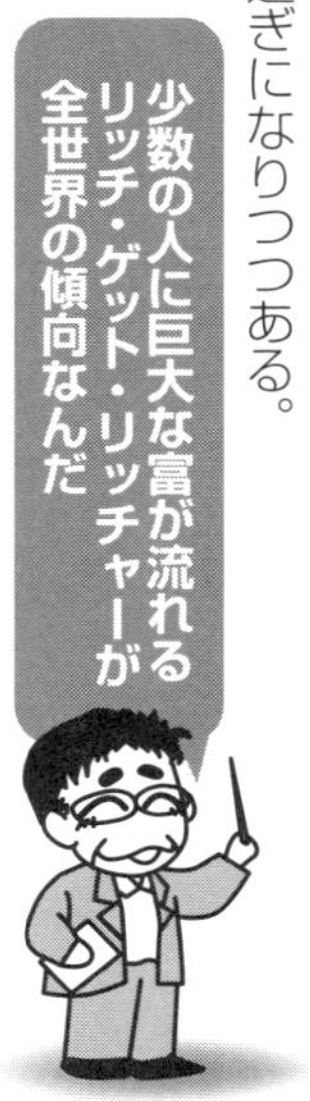
少数の人に巨大な富が流れる
リッチ・ゲット・リッチャーが
全世界の傾向なんだ

エネルギーはどうですか。

同じようなことが見られる。ひとりがどれぐらいエネルギーを使っているか、ひとり当たりのエネルギー消費量を主要国について見てみよう。どの国が多いと思う。

やっぱりアメリカですか。

そう。車社会でもあり、アメリカが群を抜いて多い。次のグループがアメリカの半分ぐらい。日本の他、イギリス、フランス、ドイツ、韓国だ。中国はアメリカの五分の一ほど。人口の多いインド、東南アジア諸国、アフリカ諸国などのひとりの消費量はアメリカの一〇分の一にも満たない。

すごい差ですね。

先進諸国は、エネルギーを使って産業社会をつくり出しさらに輸送、家庭へどんどんエネルギーを使う構図が広がっている。リッチ・ゲット・リッチャーだね。他にもいろいろなところに見られる。料理店もそう。少数の店は行列がいつもできる。話題にもなり、ますますお客が集まるが、他の多くの店はお客を集めるのに四苦八苦している。

先生は行列に並ぶのは嫌いでしょう。こらえ性がないから。

まあね。ポップ音楽や本の売れ行きも同じだね。平均のまわりに分布するんじゃなく、少数のものがすごく売れる。売れれば話題になり、ますます売れる。他の多くはベストセラーの一〇〇分の一も売れず、話題にもならない。

内容や質にそんなに差はないと思うのですが。

まったくそうだね。質が低くても売れるものは売れるし、出来が良くても一般の人が触れる機会さえないまま消えていくものも多い。インターネットも同じだ。ほとんどのホームページやブログは友人や関係者がのぞくぐらいだね。でも少数のものはポピュラーになり、閲覧者やフォロワーが何万人、何十万人ということになる。

少数の国がエネルギーを大量に消費している
内容・質に関係なく少数のものが売れる
世の中はリッチ・ゲット・リッチャーなんだ！

家庭用のエネルギーはどうでしょうか。

電化が進み、家庭でのエネルギー消費が増えている。広い家に住めば、広い空間の冷房、暖房にたくさんエネルギーが必要だ。広いお風呂、大画面テレビ、そのテレビから出る熱を冷やすための冷房…。どんどんエネルギーが必要になってくる。多くの家庭はまだ平均のまわりにばらついているが、平均の三倍、五倍と使う家庭も増えてきている。アメリカのゴア元副大統領は、「不都合な真実」を訴えながら、自宅では一般家庭の二〇倍のエネルギーを使っていると批判を受けた。

そうですか。じゃあ節電と言っても、普通の家庭、ましてご老人のひとり住まいに同じように要求するのも変ですね。

そうだね。有名な音楽家で自分は高いお金でグリーン電力を買っているから「電気をジャブジャブ使う」と公言している人もいる。

モラルのない人ですね。誰なんですか、その人。

さ…。やっぱり言えない。

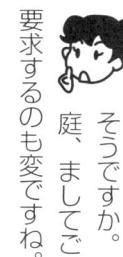

ハリネズミと
キツネですか？
そう
小動物や
子供を使うと
テッパンと言うからね

第4回
ハリネズミとキツネ

それはテレビドラマの視聴率でしょ。

まず最初にまとめておこう。今回のテーマは、マスコミでの評論家の主張。正義ぶって国民をあおるばかり。何の問題解決にもならず社会はマヒ状態になっている。エネルギーもそうだ、社会保障も防衛も。

小動物とどんな関係があるのですか。

古代ギリシアの詩に「キツネは多くのことを知っている。ハリネズミはひとつの大きなことを知っている」という部分があるそうだ。これを受けて、イギリスの哲学者バーリンは「ハリネズミとキツネ」というエッセイを書いた。そこで彼は人を二種類に分けた。ハリネズミというのは、ひとつのビッグアイデアに基づいて世界を見る人。キツネは、いろいろな経験を基に多様な見方をする人だ。

先生はいろんな本を読むのですね。

いや、ウィキペディアだよ。

インターネットのまとめサイトですか。ハハ。

怒られるのを承知でザックリ分けよう。ハリネズミは原理主義者だ。ひとつの原則、理念に基づいて判断する。理学者、法律家、宗教者など。

そうすると、キツネはいろいろな視点を考える人。現実主義者でしょうか。実際にモノをつくったり進めたりする人。工学者、実務家、行政官などですか。

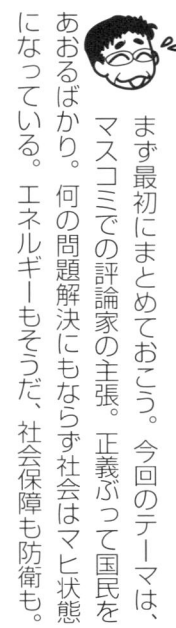

その通り。もちろん、いろいろな見方があって良い。原理的な見方は美しいし、真理に迫る感じもする。一方、現実的な見方は妥協的とも言えるが、柔軟でもある。ここで問題は現代の課題。いろいろなことが絡み合っている。もう、単純な原理原則では扱えない。

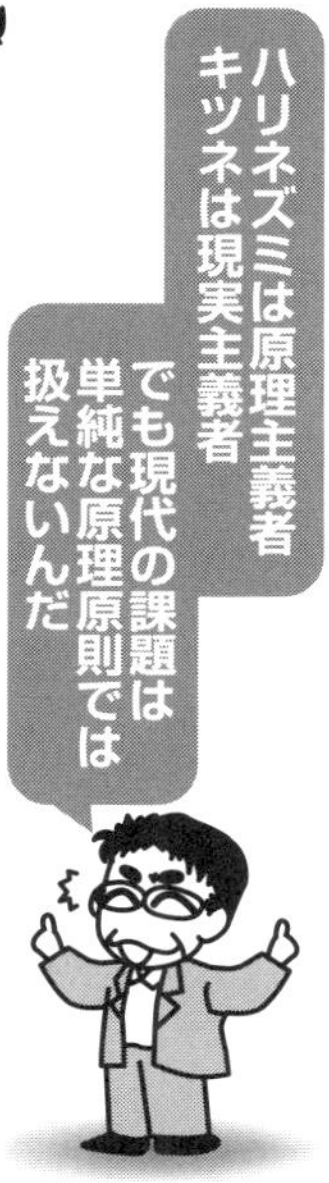

複雑になっているということですね。

そう。トップダウンでものごとが決まる、みんなが同じ考えをする、そういう単純な社会ではなくなっている。多様なモノ、人、考え方が相互に関係する。経済ひとつ取ってもグローバル化し、企業間の関係も複雑になっている。さらに、インターネットに代表される情報化の進展がこれに拍車をかけている。

ギリシアの苦境が世界経済を脅かすと聞いて驚きました。

それで、因果の関係や問題の本質が見えなくなっている。エネルギー問題もそう。もはや、単に資源量や資源の入手という問題だけではなくなっている。環境、経済、コスト、雇用、地方発展、安全性、さらには、イデオロギーも影響し、中東地域での紛争まで考えなければならない。さまざまな要因が網のように複雑に絡み合う。また、その時点だけでなく、将来のことも考えておかなければならない。

いろいろな条件や関係を考えないとダメなんですね。

あらゆる問題がこうなっている。教育、年金、医療制度、交通、防衛、景気対策などもそうだ。国レベルでなく、身の回りでも同じ。会社、組織から家庭に至るまで、個が尊重されるようになったことと、個人間のさまざまな相互作用のせいで、問題が複合化し解くのが難しくなっている。

そうですね。家庭では、昔なら「お父さんの言う通りにしなさい」で済んだものが、そんな簡単にはいかなくなっていますね。

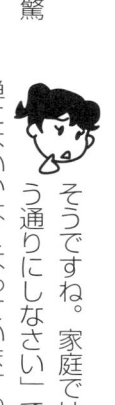

わずか数人の家庭でも問題が起こる。時間を積み重ねて熟年離婚に至ることもあるようだ。

先生、冷や汗でてますよ。

水戸黄門の時代の問題解決は簡単だった。悪い代官という障害があり、問題解決にはそれを取り除けば良かったのじゃ。しかし、現代の課題は違う。取り除けば済む障害があるわけでなく、解決策もないような問題ばかりになっておる。だから、ハリネズミの見方は限界じゃ。社会として、キツネのように柔軟にいろいろと考えないとならんのう。ハア～ハッハッ。

現代社会にはキツネの柔軟な見方が必要だね

先生、言葉遣いが黄門様です。

ゴホン。ア～ア～。典型的なハリネズミが鳩山元総理。沖縄の普天間基地問題だ。友愛というあいまいな理念に基づいて「最低でも県外移設」と主張した。何の問題解決にもならなかっただけでなく、多くの人々がキツネ的にいろいろなことを考え、合意を取りながら進めてきた努力を粉々にしてしまった。

サイアクですね。

問題はハリネズミの増殖。キャスター、コメンテーター、評論家という人たちに多い。彼らは専門家のような知識や経験がない。それでキツネの見方をできないので、ひとつのビッグアイデア、原理や理念を持ち出す。職業病だろうが、このアイデアが「自分が優しい人に思われたい」ということが多い。

そうですね。テレビを見ていると、原子力は危険だから動かすな、自然エネルギーが良い、電気料金を値上げするな、基地近くの人はかわいそう、老人医療負担を上げるな、大企業はひどい、公務員もひどい、こんな主張ばかりですね。

何の解決にもならないだろ。彼らは、決して専門家と議論しないし、自分の意見と合わない情報は取り合わない。自分の主張に合うものだけ流し、大げさに怒ってみせる。そして自分は正しく、人に寄り添うようなポーズを示す。末期的なのは、鳩山元総理のよ

うに、政治家にもこの類の人が増えていること。

今の政権の一時的なことなら良いのですが。

エネカさんも言うね（笑）。現代の課題にはキツネの見方が必要だ。数学や漢字の問題のように答があるわけではない。それで、いろいろな情報と知恵を集める。良いと思われるアイデアを試す。そして不都合なところを修正し、合意を得ながら社会として進めていく。会社も家庭も、いろいろな条件を考えながら相談する。不確かなこともあるだろう。そして試行錯誤を繰り返して良い方向へと進めていく。この中で専門家に意見を聞き参考にする。

でも専門家って話が長いし、つまらないことが多いです。

知識や経験があることの裏返しだね。いろいろなことを考えながら、あ～だ、こ～だと説明してしまう。しかし客観的に見れば、もっとも公平で公正なのは専門家だ。専門家が結託して悪いことをするというのは完全な都市伝説。病気になれば、コメンテーターのところへ行くのではなく、お医者さんに行く。ローン返済で困れば、宗教に頼るのではなく、弁護士や行政書士にお願いする。

一番公平で公正なのは専門家なんだよ

そうですね。

大問題が残っている。まともに議論すれば、冷静に考えれば、今の社会、これからの社会にハリネズミではなく、キツネの見方が必要だとわかるだろう。しかし、こういう冷静な判断を社会に求めるのは無理かも知れない。質の低いキャスターやコメンテーターの押し付けがましい発言。新興宗教の教祖のような恐怖話の垂れ流し。これらが、繰り返し繰り返し流される。とても単純でわかりやすい。一面だけとらえれば正しいこともあるだろう。今の社会の流れを見ると、こういうハリネズミの主張を克服し、進んでいくことは、なかなか難しいのではないだろうか。

だからと言って、あきらめて良いわけではありませんよ。

コ～ン。

今日は原油の価格について考えようか
ニュースでときどきやっていますね。上がった、下がった、一バレル一〇〇ドルを超えたなど

第5回
マーケット

原油は電気やガソリンに直接関係するエネルギーですよね。その価格がどうして毎日クルクル変わるんですか。

自由経済では、価格はマーケットで決まる。原油も同じ。その原油マーケットが投機的になっているから価格が頻繁に変わるんだ。

マーケットと言えば需要と供給の関係ですね。買いたい人と売りたい人がどのくらいいるか。買いたい人が多いと価格は上がり、逆なら下がると習いました。

うん。需要と供給がバランスされるところで価格が決まる。これがマーケットの価格調整機能。神の見えざる手と呼んでいる。

神ですか。大げさではないですか。

いや、大げさでもないよ。このバランス点で、マーケット全体の満足度が最大になる。国や誰かがコントロールすることもなく、最も全体の効率が良くなるところに自然に落ち着く。自由経済の根幹だ。じゃあ問題。原油は現在は一バレル一〇〇ドルだけど、二〇年前はいくらだったでしょうか。

先生、残念。それ知ってます。二〇ドルぐらいですね。授業でやりました。

そう。一九八五年あたりからしばらく、原油価格はおおよそ二〇《ドル》で落ち着いていた。一バレルは一五九《リットル》だから、原油一《リットル》で一三《セント》。為替レートにもよるが、一〇～一五円ぐらいだね。ペットボトル入りの水と比べると、とても安かったことがわかるだろう。ところが今世紀に入って上がり出し、五〇《ドル》、一〇〇《ドル》を超えていった。二〇〇八年には一四七《ドル》を記録している。その後サブプライムローンから始まる世界不況で四〇《ドル》まで下がったが、再び上昇に転じて今になっている。

物価はこの二〇年ほとんど変わってないのに、五倍ってすごい高騰ですね。需要が増えたからですか。

中国やインドの発展によって需要が増えていることがひとつの原因。イラク戦争やアメリカのハリケーン被害で供給が一時的に少なくなったことも関係している。大事なのは、これらのほかに、原油マーケットが投機的になっていることが大きく影響していることだ。

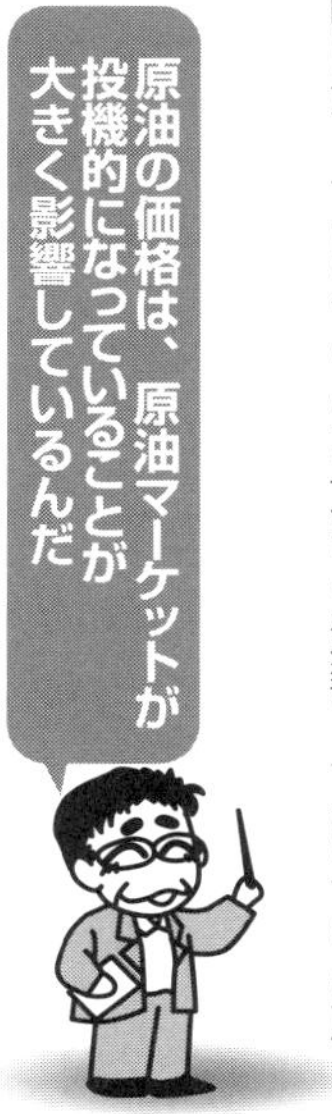
原油の価格は、原油マーケットが
投機的になっていることが
大きく影響しているんだ

投機的というと、お金を投資してもうけようということですか。株マーケットのように。

そうだね。ところで、ケインズの美人コンテストって知ってる?

先生、美人コンテストなんておっしゃると、問答無用で批判されますから気をつけて。

一九三〇年代の話なんだ。著名な経済学者のケインズ。アメリカの新聞が行っていた美人コンテストを取り上げた。紙面に一〇〇人の女性の写真が掲載され、読者が投票するというコンテスト。ポイントは、優勝者だけでなく、その優勝者に投票した読者から抽選で選ばれた人も賞金をもらえること。ケインズは、これを株マーケットになぞらえた。

読者は、賞金をもらうには、優勝するだろう女性に投票するのですね。自分が美人と思う女性に投票するのではなく、他の人が美人と思う人に投票することになりますね。

そうそう。もう一歩進むと、他の読者も同じように考えるはずだ。そう考えると、他の読者が美人と思う人ではなく、他の読者がみんなの考えを予想して投票する人を予想することになる。

ややこしいですね。

他の人がどう考えるかを考えるということ。ケインズによれば、株マーケットも同じ。他の人が良いと思う株が値上がりしていく。それで、他の人の推論を推論することになる。ただし、他の人も同じように推論するので、推論の推論を推論…となっていく。

皆が良いと思えば、その株は値上がりしていくのですね。

そうなんだ。経済の実態を離れて、思惑や見込みで株マーケットが変動する。投機マネーが流れ込んで、頻繁な変動を起こし、あげくにはバブル崩壊につながることもある。原油マーケットも同じように投機的になっている。価格は、もはや需要と供給の単純な関係によってではなく、投機的に決まると言って良い。

原油マーケットも投機的に決まってるんだ

関係する会社や人が、原油の価格が上がると思うか下がると思うか、そのときの価格が高いと思うか安いと思うか、こういうことが価格を決めるのですね。それで価格が株価のように頻繁に変動するのがわかりました。それでは、今後、原油価格はどうなっていくのでしょうか。

わからない、というのが誠実な答だろうね。五、六年前のこと。原油価格が上がって六〇ドルになった頃、専門家の講演を聞く機会があった。そのときのお話では、世界中の専門家は六〇ドルというのは異常に高いと考えている。いずれ三〇ドル、四〇ドルに下がるはず、ということだった。

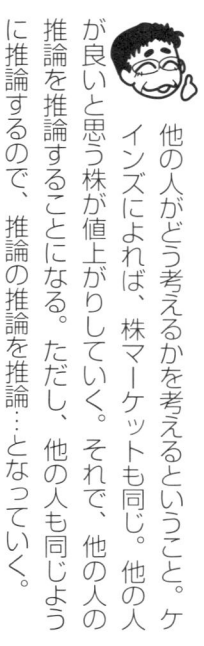

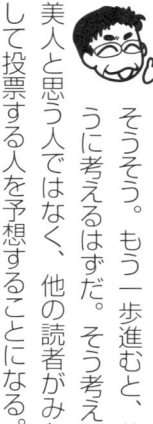

専門家にもわからないということですね。

それでも大事なことが三つほどある。まず、実態があること。株マーケットでは投機と経済実態があまり離れれば、バブル崩壊につながる。原油マーケットも同じ。投機的に変動するが、それでもやはり原油の価値はいくらかが基本だ。

一バレル一〇〇ドルだと、今のレートで一リットル五〇円ですね。ガソリンになり、電気になり、化学用品の原料にもなると思うと、そんなに高いとも思えないですね。

みんながそう思うなら、もっと上がっていく。読者の皆さんは一リットル五〇円をどう思われるだろうか。次に、他のエネルギーの状況にも関係する。天然ガス、石炭、シェールガス、原子力、自然エネルギーなどの価格や資源量に影響を受ける。原油以外のエネルギーを開発して利用する。これが実は原油の価格を抑える役割を果たしてきた。石油を使う火力発電から天然ガスや原子力への転換。原油の節約だけでなく、原油価格の抑制にも役立ってきた。

代わりのものを用意することが大事ですね。

最後は、いずれ原油はなくなるということ。どれぐらいもつかは、いろいろな見方がある。世界の原油生産はすでにピークを過ぎたという人もいれば、まだまだ探せば見つかるという人もいる。しかし、枯渇性であること、使っていけばなくなっていくということは確かだ。

どうしようもないのでしょうか。

いずれ減っていくときがくる。持つ者と持たざる者、持つ国と持たざる国の違いがはっきりしてくる。価格はとても戦略的になるだろう。需要と供給の関係や投機によって価格が決まるのではなく、持つ者の考え方次第になる。

戦略的。足元を見られるかも知れませんね。

その通り。持たざる者がどれぐらい必要としているか、どれぐらい切迫しているかを見透かされる。原油やエネルギーの取引に、無関係の問題を関係させることまで考えられそうだね。エネルギーセキュリティ、エネルギーの独立性がどのぐらい大事か。よくよく考える必要がある。

切実な国民的課題ですね。

第6回 カオス

カオスっていうと混沌ですか
混沌という意味だね
ギリシャ神話の創世記、カオス状態から世界が生まれたという話から来ている

エネルギーを取り巻く状況も混沌としていますね。

カオスのような首相もいたしね。で、今日の話題は複雑系のカオス。

何か難しそう。

いや、そんなことはないよ。社会や経済の現象。どんなものがヒットするか、為替相場はどうなるか、こういうことはなかなか予測できない。予測できないのは、人の行動がわからないため、偶然性があるためと思われてきた。そこへカオスが登場した。

主人公登場ですね。

カオスの考え方はこうだ。いろいろなことが関連して起こる現象は、偶然性がなくても本質的に予測できないし、小さなことを無視できない。それまでは、偶然性がなければ現象は決まったとおりに進むし、小さなことは無視できると考えてきた。これが根本から覆されたんだ。

そういえば、お天気がカオスと聞いたことがあります。アマゾンで蝶が羽ばたくとニューヨークで嵐になるとか。

天気はカオスの典型的な例だね。アマゾンの蝶の話は、ほんの小さなことが、巡り巡って思いもかけない結果をもたらすということ。天気の予測、天気予報を考えてみよう。今、晴れているとして一分後、

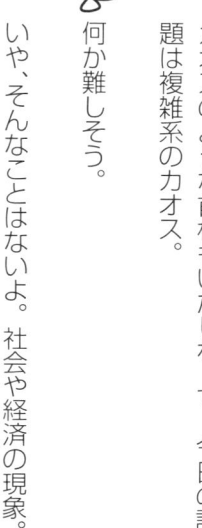

一時間後の天気はどうだろうか。

まあ、晴れているんじゃないですか。

じゃあ、明日、一週間後、一年後はどうだろうか。

明日ぐらいなら、たぶん晴れているとか、下り坂だから雨模様とか予測もできそうですが、一週間後となるとわかりませんね。まして一年後なんて。

これがカオスの特徴。すぐ先のことはわかる。だんだんとわからなくなっていき、そして混沌になる。ランダム、無秩序になって予測できないという意味だ。為替相場や株価もそうだし、人の心も同じ。すぐ先のことはわかるが、その先はわからなくなってくる。ハンフリー・ボガードは、映画カサブランカの中で、恋人の「今夜会ってくれる?」という問いかけに対して「そんな先のことはわからない」と答えた。

おばあさまに聞きました。

あ、そう。大事なのは、わからなくなってくるところだ。現象についての理解が足りない、データが足りないからわからないのではない。いろいろなことの相互作用で起こる現象は、先のことがわからなくなってくるという本質的な性質をもっている。カオスの性質だ。だから、一生懸命に理解に努め、データをたくさん集めても、やっぱり予測には限界がある。

すぐ先は分かるが、
その先は分からなくなり、
やがて混沌になっていく
予測には限界があるんだ

調べたり、データを集めることに意味はないんですか。

そうではないよ。現象を理解し、質の高いデータを集めること。これは相変わらず大事だ。ただ、天気でいえば、日本全国やアジア全体に詳しい天候データを取れる観測網を整備しても、スーパーコンピュータを使ってどんな詳細な計算をしても、天気の予測という意味では、それほどの成果が出るものではない。これを知っておくべきだね。

地震の予測、予知というんでしょうか、これは

どうですか。

同じだよ。理解が進み、データを詳しく集めても、地震予知には限界があると考えるべきだ。

社会で起こることの予測も同じですね。ＡＫＢがこれほどヒットするとは誰も思わなかったでしょう。小説のハリーポッターは、最初に何社にも出版を断られたと聞きました。

そうそう。これらは、予測する力がなかったとか、予測を見誤ったということではない。ヒットというのは、社会の複雑な状況の中で、複雑な相互作用で起こる。ほんの些細なことが影響するし、タイミングも関係あるだろう。専門家にも予測はとても難しい。

株価や経済状況の予測はどうでしょうか。

天気は、モデル計算だけで予測しているのではないことを知ってる？

ええ。過去のデータから、そのときの天気に良く似た状況を探し、似た状況は同じように変わるということを利用しているのですよね。

経済も同じ。現象を理解し、モデルをつくって予測するだけでなく、過去の似たような状況から類推することが行われる。ところが、経済や社会ではこれがうまく行かない。同じ状況でも同じようには進まない。社会が変わっているし、何より、人間が学習し適応していくからだ。石油ショックのとき、一回目と二回目では人々の反応がずいぶん違った。

約束を直前でドタキャンされると、その人とは約束しないようになりますね。

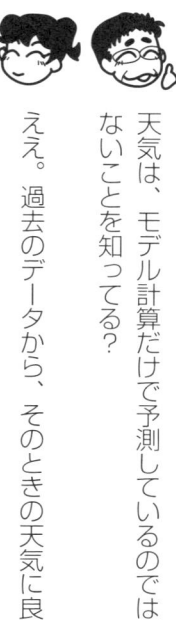

だから、社会、経済、政治などの予測やコメントは、ほとんどがあてにならない。ウソや悪意はないにしても、単に自分の信念を述べていたり、結果論として後付けの説明を繰り返していることが多い。

エネルギーについても、こうすればこうなる、こうするべきだ、という予測、コメントが花盛りですね。根拠がはっきりしないものが多いような気が

しますが。

見解を述べるのなら、そう思う理由、他の案との比較など、根拠を説明する必要がある。だから、コメンテータでも政治家でも、質疑応答、議論をするべきだ。彼らは、質問するだけ、自分の意見は言いっぱなしだ。現政権の打ち出している原発四〇年寿命もそうだ。根拠の説明もなければ、専門家との議論もないまま言い切っている。

見解を述べるなら、根拠を説明する必要がある
言いっぱなしじゃだめなんだ！

そういえば、ニュースキャスターが番組の最後に、カメラをじっくり見据え、奇妙なコメントをすることが増えましたね。

一体どうしたんでしょうか、政府は何をしてたんでしょうか、こんなことで良いんでしょうか、こういう類だね。疑問型の安売りなら、テツandトモさんの「何でだろう」に任せておけば良いのに。

では、カオスとのことですが、予測の難しい社会、予測できない社会の中で、どうすれば良いと考えですか。

科学も社会経済も、詳しく調べる、理解して予測するということだけでなく、全体を見る、現象の構造を調べることが大事になる。たったひとつの答を求めるのではなく、答の集合、シナリオの集まりを考える。それに対して、人々の要望、いろいろな制約、費用と効果などを重ね合わせて検討する。不確かで見通せないこともあるだろう。それに対しては、不確かさの幅を考え、代替案を用意する。そして、仮に何かあっても、弾力的で柔軟に耐えることができるようにしておくこと、そういう制度設計が必要だ。最後は謙虚。現代の社会経済は、とても複雑で常に多様な可能性をもっている。ひとりの見方、考えが、他の人の見方や考えをすべて上回ることはありえない。自信過剰にならず、いろいろな見方が補い合うこと、開かれた中で議論すること、固定観念をもたないこと、こういうことが大事だろう。

先生から謙虚という言葉が出るとは思いませんでした。エヘッ。

プンプン！
あれれ、エネカさんが怒ってるなんて珍しいね

第7回 Who pays?

先生、聞いてください。先日立食パーティーがあったんです。乾杯の後、しばらく回りの方とお話ししてからビュッフェ形式の料理を取りに行きました。そうしたらほとんど何も残ってなくて。おいしそうな前菜やお肉があったはずなのに。

それは残念だったね。

乾杯が終わったら男の子たちがワッと料理を取りに行ってて、彼らが二〇分ほどで全部食べちゃったんです。しかたがないので、帰り道でラーメンを食べました。

他人のことも考えないといけないのに。食べ物の恨みは恐ろしいね。こういう早い者勝ち、後のことは知らないという考えはとても不誠実だ。でも同じ種類の話は身の回りにあふれている。人類が直面している危機の原因にもなってるよ。

あ、前におっしゃっていた石油資源ですか。

そう。石油は限られた量しかない。それを先進国が安い値段で買って、使い尽くそうとしている。中東の一部の国では、先進国の払ったオイルマネーが支配層に独占され、欧米での不動産や競走馬の購入、果ては、サッカー選手の帰化資金にまで使われている。一一月一一日に京都競馬場で行われたエリザベス女王杯で三着に入った馬の馬主は、ドバイのモハメド殿下だ。

そんな繋がりが日本にまで及んでいるのですね。

石油だけではないよ。天然ガス、石炭などの資源もそうだし、森林、動物、水などの資源も同

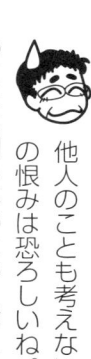

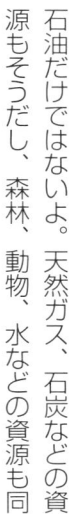

じ。早い者勝ち、後は知らない。

森林や動物は再生できますから、取る量を抑えれば対策が可能でしょうが、エネルギー資源は無理そうですね。

早い者勝ちということでは、ネズミ講も同じ。先に来た人の取り分を、後に来た人が払う。後に来る人がネズミ算のようにどんどん増え続ければ良いが、そんなことはありえない。どこかで破綻する。マルチ商法も似ている。どちらも法律で禁止されているが、形を変え品を変えて出てくる恐れがあるので気をつけた方が良いね。

学生にもマルチ商法にはまる人がいて、友だちを失くすと噂になっていました。

国の財政も同じ構造をしている。

エッ、ネズミ講ですか。

いや、ネズミ講ではないが、後のことは知らないってこと。先進国のほとんどは赤字財政だ。収入より支出が上回っている。大量の赤字国債を発行して穴埋めをしている。借金がどんどん膨らむ財政構造だ。

国の財政も後のことは知らない財政構造をしてるんだ

たしか、日本の累積赤字は国民の総資産に比べれば少ないので、ギリシャが直面している債務不履行のようなことは、今のところ問題ないと聞きましたが。

でも借金であることは変わらないよ。将来から借りる。将来へ問題を先送りすることになっている。そもそもから、赤字経営の前提には経済成長が必要だ。

企業でもそうですね。成長する会社は借入をして設備投資し、収入規模を拡大して借入を返済するのがパターンですね。

そう。国も同じ。赤字国債で借入をしてインフラや研究開発に投資する。同時に消費も増える。いずれインフラや研究投資が種になって産業が発展し、経済成長をしていく。赤字が将来に残っても、それを補って余りあるインフラが整い、発展していく社会を引き継いでいく。

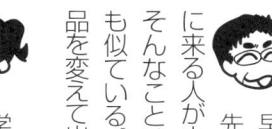

わかりました。ポイントは経済成長がなくなっているところですね。

その通り。今では先進国で毎年数％の経済成長なんて、とても考えられない。赤字ＯＫの前提が崩れている。それともうひとつ。支出で伸びているのが福祉関係だ。

福祉は大切ですからね。

もちろん福祉は大切だ。でも経済成長という点からは、福祉は消費して終わりというところがある。薄く広く使うので、どうしてもリソースとして引き継いでいく形にはなりにくい。

では、赤字体質の改善が目標ですか。

いや、そうでもない。返すあてのない借金をしているんだが、支出を減らして赤字をなくそうとすれば、消費が冷え込んでどんどん景気が悪くなっていく。福祉も大幅に切らざるを得ない。そして国際競争では、赤字経営をする国に負けてしまうだろう。

行くも帰るも地獄ですね。

それが冗談なら良いんだけど。こういう問題の構造を良くとらえて考えること、将来どうなるかを現実的に予測することが大事だ。そして何にも増して経済成長を図る。

これまでは自動車や半導体が輸出産業の目玉でした。これらは頭打ちのところもありますから、代わりのものを考えないといけませんね。

日本の特性と技術を活かして世界をリードしていく産業だね。アニメなども良いし、エネルギー産業、特に原子力はその候補だろう。

日本の特色や技術を
活かした産業は
アニメやエネルギー
特に原子力も候補だ

原子力は福島事故後、停滞が続いていますが。

国内では、当面のことと中長期を考えながら議論していくことが必要となっている。世界的に見れば、今後も原子力開発が進んでいくことが見込まれる。そういう中で、日本には世界有数の原子力の実績と産業がある。これを活用して世界のエネルギー確保に貢献しながら、重工業からソフトウェアまでの多様な産業を活性化する。

太陽光発電はどうですか。

もちろん候補だろう。しかし、培った技術の優位性や、優位性を維持していくことを考えると、難しいかも知れない。太陽光発電のパネルは液晶テレビのパネルと似ている。努力した結果、多少優れた性能のものが開発できたとしても、他の国で安く生産されると勝てない可能性がある。ちょうど日本のメーカーが液晶テレビで苦戦しているようにね。

意外です。福祉と太陽光発電って、イメージから言えば何となくマッチしているような印象でした。そうではなく、福祉社会の実現には経済成長が不可欠、そのためには原子力のような日本の優れた技術を活かしていくことが大事ということですね。

刷り込まれたイメージで考えると間違えやすいね。

私たちは、早い者勝ち、将来につけを残すというロジックに組み込まれているのですね。何か打開方法はあるのでしょうか。

問題を共有しながら、高度成長期、二〇世紀に機能していた制度や社会構造を見直し、硬直してしまっているものを変えていく必要があるように思う。政治や教育などね。エネルギーに関しては、石油を温存することは大切だが、日本が温存しても他の国が使ってしまうだろう。石油を使い切る代償に、研究開発によって将来を見通せるエネルギー技術を残す。これが現代人の背負うべき責任だろう。

今回は途中で池上彰さんのようなお話になってどうなるかと思ったんですが、最後はエネルギーと関連させるなんて、さすが先生ですね。

うふふ。これは立食パーティーの穴埋めにもフランス料理をごちそうしなきゃいけないね。

今日は
トラの話を
しようね
今年は
ヘビ年ですよ

第8回 ピンクのトラ

まあまあ。トラの色は黄色と黒の縞模様だね。それじゃあ、白いトラっていると思うかい。

うふふ。います。小さい頃、サファリパークで見ました。

ホワイトタイガーだね。黄色のところが白くて、黒縞も白くなっているトラだ。それじゃあ、ピンク色はどうかな。ピンクのトラは存在するだろうか。

ピンクですか。見たことも聞いたこともないですね。ピンクのトラが草原を走っているのは想像できないし、いないと思います。

白いトラはいる、見たことがあるから。ピンクのトラはたぶんいない。聞いたこともないし、いるとも思えないから。そうだね。これが安全の話の本質。原子力安全もそうだし、食品、医療、交通、防犯などすべての安全を考えるときのポイントだ。

トラが猛獣だからですか。

いや。そうじゃない。白いトラやピンクのトラを探す。白いトラが存在するのは示せる。見たという経験でも良いし、本やインターネットの情報を調べて白いトラがいることを知っても良い。ではピンクのトラはどうだろうか。調べても出てこないし、たぶん存在しないだろう。誰もがそう思う。しかし問題は、存在しないことをどうやって示すかということだ。

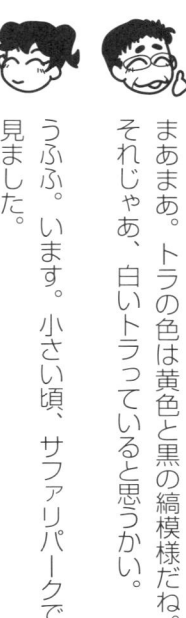

存在することは示せるが、存在しないことは示せないということですね。

そう。経験や情報をいろいろと調べる。他の国にはいないか。歴史上見つかっていないか。遺伝子や発色のメカニズムからピンクになる可能性はあるのか。似たような動物で見つかるか。そう言えばピンクのヒョウはいたなとか。

出てくると思ってました。ピンクパンサーのことですね。それは映画の主人公のアダ名です。

ピンクのトラがいないかいろいろと調べる。思いつく限りの範囲を探す。それで見つからなければ、存在しないと結論する。

ただし、調べたり考えたりした範囲でということですね。たしかに、絶対にいないと言うのは難しいです。

安全で言えば、危険が存在しないこと、つまり絶対に安全であることは示せない。どんな技術でも、どんなことがらでもね。このことは、安全を考える上で知っておかなければならない。でも、多くの人は、新しい技術を導入するときに、それが何の危害もないこと、絶対に安全であることを要求する。絶対安全信仰だね。

原子力がそうですね。絶対に安全であって欲しいという気持ちは良くわかります。

絶対に安全かどうかという議論を何回も繰り返してきた。不毛な議論だね。そもそも論理的に絶対安全であることを示すことができないから。

原子力以外にもこのような例はありますか。

薬がそう。新しい薬を開発する。対象とする病気に効くことを確かめる。問題は安全かどうかだ。どんな薬にも副作用がある。それがどの程度か、他の薬との併用はどうか、使う人の体質やアレルギーとの問題はないか。いろいろとチェックする。

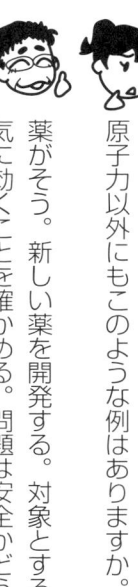

新薬の承認にはとても時間がかかりますね。

できる限りの確認をする。でも、人間の体はそれこそ千差万別だ。親子でもずいぶん違うし、育った環境、食事、病歴などでも違う。確認された禁忌を守っていても、いろいろな人に使うと思わぬ副作用が出たり、薬害として社会問題になることもある。

う〜ん。難しいところですね。時間をかけて調べるのも良いですが、その薬を一刻も早く必要とする人もいますし。

放射線健康影響、震災ガレキ、食品安全性、遺伝子操作などの議論も同じ構造だ。安全性をいろいろと調べる。常識的には問題がないところまで安全であることを確認する。それでも絶対に安全であることを示せ。こういう要求が起こる。しかし、絶対安全を示すことは論理上できない。それで堂々巡りで何も進まなくなる。やはり、絶対安全を示すことはできないという前提に立って議論をすることが必要だろう。

絶対安全が示せないなら、どう考えれば良いのでしょうか。原子力でも、絶対安全でないといえば、じゃあ事故が起こるんですねという人が必ずいるでしょう。

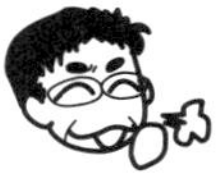
まずは、ピンクのトラがいないか、できるだけ探す。できるだけと言っても限りがないから、どういう範囲をどのように調べるかを決める。科学的な知識、技術的な知見、経験、常識、こういったものを駆使して範囲や調べ方、そのときの条件などを決める。

どこをどう探すか決めておくということですね。もし見つかったらどうするのですか。

もし見つかれば、実はそれは白いトラだったということになる。探して見つかったトラだからね。その白いトラに対して安全が守られるように対策する。そうして考えられるすべての範囲に対して安全であることを確認する。

調べた範囲の外にピンクのトラが隠れているかも知れませんが。

仮にピンクのトラが現れたときのことを考え

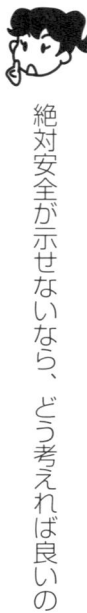

ておく。思ってもいないことが起きたときのことだ。そのときの悪い影響をどう抑えられるか、影響の範囲をどう限定できるかを考えておく。範囲や条件を含めて、こうした一連の流れが社会的に受け入れられるか、それで合意が得られるか。そうして社会が意思決定していく。このような安全確保の考え方は、社会的な合意を得るための枠組みと言って良いね。

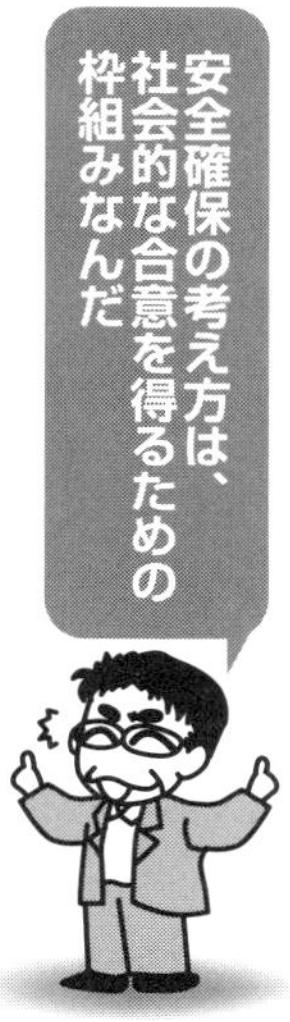
安全確保の考え方は、社会的な合意を得るための枠組みなんだ

そのために根拠や検討の透明性を高め、考えた範囲や条件、そして専門家の議論を公開するのですね。そして説明責任を課す。ふむふむ。そういえば最近リスクという言葉を聞くことが多いのですが、何か関係あるのでしょうか。

ごく大雑把に言えば、ピンクのトラが潜んでいる確率がリスクに対応している。リスクとは、潜在している危険性や損失の可能性のことだ。

原子力事故後ですが、どんなにがんばってもピンクのトラを全部探すことはできない、自然の脅威は人知を超える、科学技術は自然の前に無力だ、原子力は止めるべき、このような意見がたくさんあるようですが。

自然は自然だ。畏れるのも良いだろう。ただ、神格化してしまうと思考停止のパターンに陥ってしまう。安全の問題は社会的な意思決定の問題だ。絶対安全を示せないからといって、立ち止まってしまう必要はない。立ち止まることにも危険があるし、何よりも、人類の歴史は危険をコントロールすることでつくられてきたからね。安全の考え方や仕組み、手続き、議論などに基づいて社会として意思決定を行う。みなさんが専門的な個別の知識まで理解する必要はないが、考え方や枠組みを知っておくと良いね。

そういう点でこのコーナーが役立っていると良いですね、ふふ。いつものお礼に、今度先生をオブザーバーとして女子会に招待したいのですが。

うん。絶対だよ、絶対。

今日はベストミックスにしよう
お好み焼きの具ですか

第9回 ベストミックス

またまた。知ってるのに。

エヘヘ。エネルギーのベストミックスですね。エネルギーにはそれぞれ特徴がある。価格、量、供給の安定性、使い易さなどですね。それで、エネルギーの供給源として火力、原子力、自然エネルギーをうまく組み合わせるということですね。

うん。エネルギーの構成をどうするか。いろいろなことを考える必要がある。価格、安定供給、環境への影響などを。とりわけ大事なのが、不確かさに備えるということ。

エネルギーの安全保障ですね。何が起きても、キチンとエネルギーが供給されるということ。

何でもそうだけど、計画通りに進めば良い。でも実際にはいろいろと思ってもいないこと、不確かなことが起こる。エネルギーで言えば地域紛争、価格の変動、景気変化などだね。こういう不確かさに備えておかなければいけない。何かあったらエネルギーが不足してしまうのでは困ってしまう。生活も経済も止まってしまうだろうし、そうなる可能性があるだけで産業活動の計画を立てられなくなる。

それでエネルギー源を多様化し、何かあっても全体でカバーできるようにするのですね。

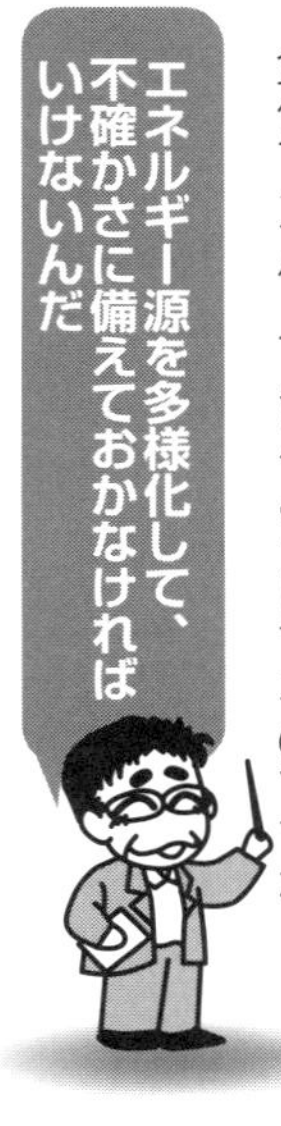
エネルギー源を多様化して、不確かさに備えておかなければいけないんだ

一九一三年、海軍大臣だったイギリスのチャーチルは、当時、燃料が石炭から石油へ切り替わっていくことに触れ、燃料供給の安全保障にとって何にも増して大事なのは供給源の多様化だと述べている。日本は、この言葉の重みを、一九七三年の石油ショックで経験した。第四次中東戦争と石油生産調整の影響で、石油が不足し価格も高騰した。いろいろなものの値段が上がり、品不足やエネルギー使用の自粛などで社会が大混乱した。

トイレットペーパーや洗剤、お砂糖などを手に入れるのがたいへんだったと聞きました。

この頃は、エネルギーの七六％、電気の七三％を石油に依存していたからね。石油次第の弱い構造だった。中東で何かが起これば、すぐに大きな影響を受けた。それで国をあげてエネルギー源の多様化に取り組んできたんだ。合わせて多くの石油備蓄基地をつくり、石油情勢変動の影響を受けにくいよう努めてきた。石油の火力発電から石炭、天然ガスに代え、原子力を導入してきた。現在は、電気に占める石油の割合は八％になっている。

エッ。そんなに少ないんですか。

思ったより少ないでしょ。でもエネルギー全体では、まだ四〇％以上を石油に頼っている。運輸用の燃料は石油以外へ代えるのが難しいからね。ここで大事なのは、多様化したとは言え、日本は石炭、天然ガスなど、やっぱりほとんどのエネルギーを輸入しているということ。エネルギーの自給率はたった四％。エネルギー供給の安定性の点でやはりとても脆弱だ。福島事故以降、原子力発電を止めているために、石炭や天然ガスを緊急に手配して輸入している。当然、足元を見られる。ジャパンプレミアムとも呼ばれるバカ高い値段で買っているのが現状だ。

ひどい話ですね。石油からの転換だけでなく、エネルギーの輸入そのものを抑えないといけませんね。

そうなんだ。これがベストミックスだという割合があるわけではない。多様化を心がけつつ、長期的には石油、石炭、天然ガスへの依存をなるべく減らす。そして原子力と自然エネルギーを増やしていくこと。これがベストミックスのこれからのポイントだね。

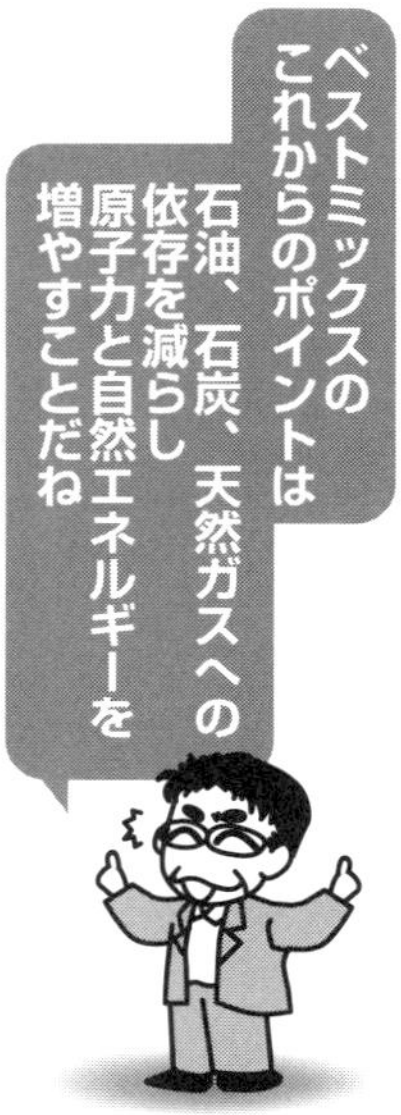

基本にあるのは、不確かさに備える、多様化するということなんですね。雨が降るかも知れないときに傘をもって行く。朝早く起きなければならないときは、目覚まし時計のほかに、携帯電話のアラームをセットしたり、友人にモーニングコールを頼んだりしますね。

日常生活でもビジネスでも同じだね。いろいろな場面で不確かさに備えることが必要になっている。保険もそうだし、投資では分散投資ということがよく言われるようになっているね。

何が起こるかわかりませんからね。うまく行かなかったりケガをしたり。

それに加えて、予測のつかないことも増えてきている。去年のハリケーンサンディ。アメリカ東海岸を襲った史上最強のハリケーン。社会のインフラが大被害を受け、立ち直りつつあるときのことだ。ガソリンスタンドの長蛇の列が社会問題となった。給油を待つ車の長い長い行列ができたんだ。

車先進国のアメリカでもそんなことが起こるのですね。

それでニューヨーク市長とニュージャージー州知事が緊急の命令を出した。奇数・偶数配給制限というものだ。車のナンバープレートの最後の数字が奇数か偶数かによる。奇数の日には奇数の車だけが給油できる。偶数の日は逆に偶数の車だけが給油できるという制限だ。これによって給油を待つ車の行列はどうなったと思う。

先生のことだから、行列が半分になったということではなさそうですね。

素直じゃなくなってるね（笑）。でもその通り。

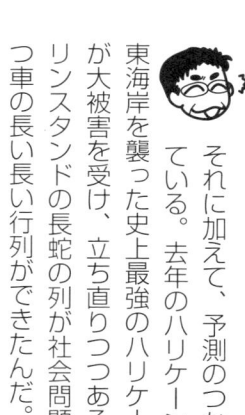

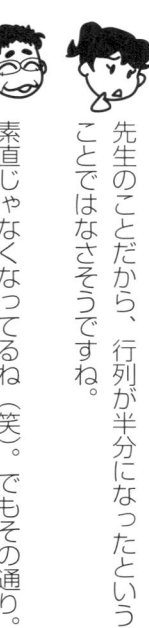

行列はもっと長くなったと報じられている。

どうしてですか。

配給制限がなければ、ガソリンがたとえば二〇%を切ったら給油に来る人がいる。行列があろうがなかろうが、この人は同じ行動をするだろう。ところが配給制限があると、翌日にもしガソリンがなくなりかけても給油できない場合がでてくる。一日おきにしか給油できないからね。しかし、大ハリケーン後の非常事態では、急に遠くまでドライブする必要がでてくるかも知れない。それで、ガソリンが半分ぐらいあっても念のため給油しておこうということになり、給油の行列に加わる。結局ガソリンスタンドを訪れる頻度が増え、配給制限がないときよりも行列が長くなってしまったということだ。

非常時にドライバーが不確かさに備えるように行動する。これを予測できなかったのですね。

こういうことが増えてくるだろう。社会や経済の仕組みが複雑になり、情報化の発達によって、それに対応する人びとの考えや行動が、他の人の行動や社会の動きに影響されるようになっているからね。

やはり、柔軟に考える、多様性をもつ。こういうことが大切ですね。

その通りだね。ところが、学生の就職を見ていると、どの企業も同じような学生を採用する傾向があるんだ。

不確かさに備えて
ものごとを柔軟に考える、
多様性をもつことが大切なんだ

コミュニケーション能力があり、受け答えと説明がハキハキとできる学生ですね。

そう。実際には、いろいろな学生がいて、いろいろな能力がある。企業や組織は、同じような人をそろえると、うまく行っているときは良いだろう。しかし、思ってもいない不確かな状況や、新しい打開を必要とする場合には、多様性、つまり特徴の異なる人の組み合わせが役に立つと思うけどね。

第10回 イッツ・ア・スモールワールド

♪ちいさ～な～せ～か～い～♪
あれ、ディズニーランドへ行かれたのですか

いや。今回はスモールワールドをテーマにしようと思って。

小さな世界ということですね。インターネットで情報はすぐ手に入るし、知らない人とも交流できるようになりました。

ネットの掲示板やブログ、ツイッター、フェイスブックなどだね。こういったソーシャルメディアの効果が大きいね。

どうしてソーシャルメディアと呼ぶんですか。社会メディアということですよね。

ソーシャルって、もともと「仲間の」とか「人と人の」という意味なんだ。だから人と人をつなぐメディアということ。社会メディアではピンと来ないね。人のつながりと言えば、昔は集落、今でいうコミュニティ。その中でのつながりがほとんどだった。交通や通信の発達によって行き来や交流が盛んになり、さらに、インターネットやソーシャルメディアによって、この広がりがどんどん加速されている。つながりが網のように広がるネットワーク社会だね。

イッツ・ア・スモールワールド。世界がますます狭くなっているということですね。そういえば、友人の友人がアルカイダとおっしゃった政治家がいましたが。

ははは。笑って済ますよりは意味深い発言だね。人びとがいろいろなネットワークをもつようになっている。だから誰でも、友人の友人とたどっていけば、たった数人でアルカイダにもつながるし、オバマ大統領にも、レディガガにも行きつくだろう。

まさにつながりの社会ですね。そういえば、まったく関係がないと思っていた別々の知り合いが、実は小学校の同級生だったとか、親戚だったとか、そういう偶然って、思いのほかたくさんあるのかも知れませんね。

そう。たくさんあるよね。でもロマンチックだから、すごい偶然ってことにしておこうね。人のつながりだけでなく、通信、商品の流通、運輸なども密度の高いネットワークになっている。このおかげで、日本中どこでも品不足なんてめったに起こらない。世界中に小包を追跡しながら送ることもできる。

エネルギーも同じですか。

電気は発電所でつくられる。そして網の目のように複雑に張り巡らせた電力のネットワークで送電され家庭へ送られる。今後、自然エネルギーによる発電が増えていくだろう。発電が分散型になっていくので、電力ネットワークはますます複雑になっていくと思う。

そういえばスマートグリッドというのもありますね。

よく知っているね。スマートは賢い、グリッドは電力ネットワークという意味だ。電力のネットワークに通信、制御の機能を加える。いろいろな装置や機器にコンピュータを埋め込んで、発電から家庭の電気機器までを自律分散的にコントロールする。そうして、電力ネットワーク全体の効率を高めながら、大規模停電などを回避しようというものだ。

良いことずくめですね。

おいし過ぎる話には気をつけるのが鉄則だね。政治が絡んだビジネスになる匂いもするし。たとえば…

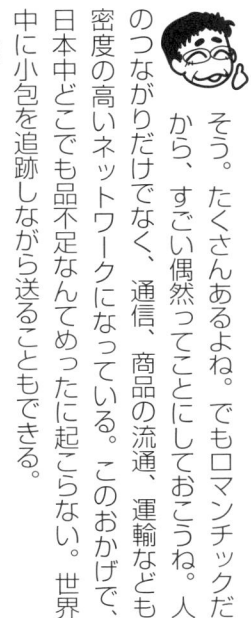

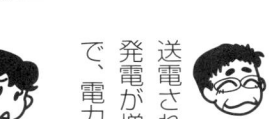

先生、それはそこまで。

はいはい。あと、ネットワークとネットワークの間の関係も大事だ。インフラのネットワーク同士が密接に関係するようになっている。電気が断たれると、通信、信号、列車運行、給水などさまざまなネットワークが機能しなくなる。コンピュータも電車もポンプも動かないからね。緊急時や災害復旧では、こういう複合的なネットワークのことを十分考えて対策を立てておく必要がある。

本当にそうですね。東日本大震災のときは、広い地域で電気、通信、交通、水道などが同時に機能しなくなりました。

では問題。つながりが密接になるネットワーク社会は、安定になるか不安定になるか、どちらでしょうか。

う～ん。つながりが増えていくから安定になるような気がしますが、ふたりでは安定な関係でも三角関係になると不安定になりますよね。

パチパチパチ。その通り。つながりというのは、相互に依存するということと、そこを影響が伝わるということ。建物であれば、梁を多くしてつながりを増やしていけば、力が分散されて安定になる。でも影響が伝わる場合はわからない。小さな変動が減衰して消えてしまうこともあるし、伝わるにつれて増幅されていくこともあるんだ。

そうですね。うわさ話なんて、興味本位で広がっていって、内容もどんどん過激になっていくことがあります。特にネットでは顕著ですね。

ネットいじめなど犯罪スレスレのこともある。でも悪い場合だけではないよ。アラブの春では、ソーシャルメディアを使った情報の広がりが大切な役割を果たしたと言われている。中国では、政府がネットでの発言やその広がりに神経を擦り減らすことになっているようだ。

中国政府の方もこの連載を読んでおられるかも

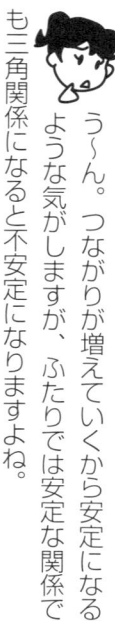

知れませんよ。

謝謝。問題は、何か小さい変動があったときに、それが無制限に拡大して、全体が大変動に巻き込まれてしまわないかということ。二〇〇三年の北アメリカ大停電。アメリカ北東部からカナダのオンタリオ州までの広い地域で二九時間にわたる停電となった。この原因はオハイオ州で木の枝が送電線に接触したことだと考えられている。それがネットワークで拡大され、ドミノ倒しのように拡がり大規模な停電になった。マーケット経済も同じような構造をもっている。国際株式市場や先物市場、為替市場の相互関係性が増えている。投資家、証券会社、銀行、株式などの相互影響も大きくなり、世界金融は密度の高いネットワークとなっている。大停電と同じように、ほんの些細なことから景気や株価の大変動が起こる可能性が高くなっている。

問題は、些細な変動があったときに、
それが無制限に拡大して、全体が大変動に巻き込まれないかということなんだ

じゃあ、つながりを、ネットワークを切り離していった方が良いのでしょうか。

いや。後戻りすれば、そこが取り残されてしまう。そうではなく、どうしてこういう不安定が起こるのか。これを明らかにして行くことだね。幸いお手本がある。生物は、いろいろなネットワークをもっている。たとえば、神経系のネットワーク、エネルギー代謝のネットワーク、遺伝子の機能発現を司るネットワークなどだ。人間のつくるネットワークと同じようにとても複雑な構造をしている。しかし、小さな乱れによって全体が機能しなくなってしまうことを上手に防いでいるように見える。こういうところから、ネットワークをどのように設計し、つくり、修正すると良いかの手掛かりが得られるかも知れない。

生物から学ぶということですね。とても面白いと思います。

では宿題。ケビン・ベーコン数というのがある。これを調べてね。読者の皆様も映画がお好きならどうぞ。

ジャーン
東大で一番面白い講義をする先生に選ばれたよ
先生が選ばれたのですね
おめでとうございます
学生の投票ですか

第11回 タイプ2エラー

う、うん…。研究室の学生だけどね。

研究室って…先生の研究室の学生の投票ってことですか。先生、ダメです、それは。

やっぱりね。統計学ではこういうのをタイプ2エラーって言うんだ。間違っていることをデータから正しいと判断してしまう誤りのこと。

タイプ2ということは、タイプ1エラーというのもあるのですか。

タイプ2の逆。正しいことを間違いと判断してしまう誤りがタイプ1エラーだ。ちょっとややこしいかも知れないけど、冤罪がタイプ1エラー。あの人は犯人ではない、という本当のことに対して、誤って犯人としてしまう。タイプ2は、あの人は犯人ではない、というウソのことを、つまり真犯人であるのに、間違えて正しいとして無罪にしてしまう誤りだ。

証拠、つまりデータが大切ということですね。先生が一番面白い講義をする先生に選ばれたという件は有効な証拠がありません。データが偏り過ぎです。

そう、データだね。これが大事。今は情報化社会でさまざまなデータが行き交っている。そしてアンケートなどでデータを集めることが頻繁に行われる。

わたしのところにも時々アンケートが来ます。

簡単に答えられるなら良いのですが、なかには一時間もかかるようなものもあって。

ノドから手が出るほど欲しいデータがあるだろう。政治家も企業も、人びとの考えや好みを知って政策や企業戦略に役立てたい。政策は集票につながるし、企業の戦略は売り上げに直接結び付くからね。

マーケティングということですね。そういえば、Tカードのようなポイントカードもマーケティングに役立つと聞きました。

そう。ポイントカードは、割引によってお客さんを集める他に、売り上げデータと連動して、どういう人が、いつ、どこで、何を買ったか詳しいデータを取るのが簡単だ。

データに価値があるのね。

ただし、得られたデータがどういうものか良く考えないと誤った結論に行き着く。タイプ2エラーが起こりやすい。特に世論調査や社会調査では気をつけなきゃいけない。

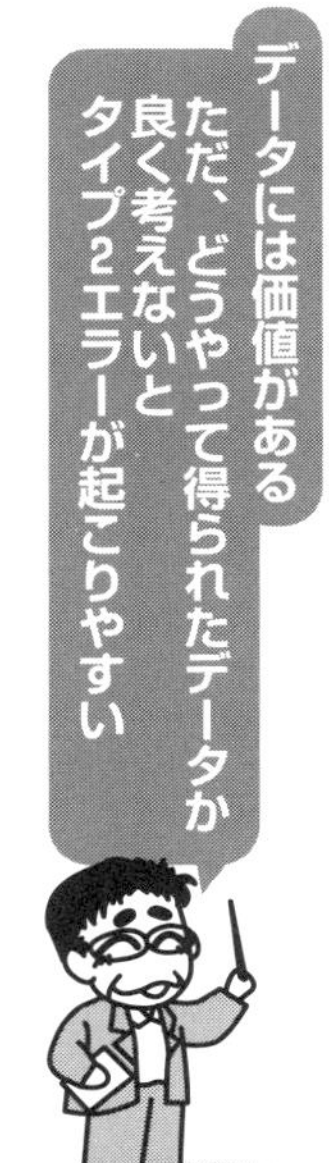
データには価値がある
ただ、どうやって得られたデータか
良く考えないと
タイプ2エラーが起こりやすい

そうですね。銀座でアンケートを取れば、銀座に買い物や散歩に来た人の意見ですし、新橋でインタビューすれば、だいたいが酔って家に帰る途中のサラリーマンの方の意見ですね。

ははは、そうそう。サラリーマンっていうと、テレビは必ず新橋で、それも酔っぱらいに聞くよね。ところで、世論調査で大事なのは、結果だけでなく、どういう人の何人にどういう質問をしたかをはっきりさせることだ。何人かということでおおよその誤差がわかる。

平方根の法則ですね。一〇〇人へのアンケートだと、誤差はルート一〇〇。イコール一〇人だから、パーセントでは誤差は一〇%。一〇〇〇人だと誤差は三%です。質問も問題ですね。回答を誘導するものや答えようのないものもあります。昔に読んだピーナッ

ツというマンガの中で、ルーシーがチャーリーブラウンに質問していました。「わたしはきれい、かわいいのどっち?」

もちろんチャーリーブラウンは「両方」と答えたんだろうね。たしかに質問の仕方やその状況によって結果が違ってくる。街でいきなり聞かれれば、多くの人は原子力については何となく不安だと答えるだろう。反原発の集会へ行ってインタビューすれば、全員の回答が原発反対になる。あたりまえ~あたりまえ~あたりまえ体操。

ちょっと古いかな。

さて、世論調査から政策に結びつけるところでタイプ2エラーがあると、これは重大な影響が国民全体に及ぶ。昨年のエネルギーに関する国民的議論がそうだ。

原発比率を変えたシナリオを用意し、どれが良いか意見を聴いたものですね。

二〇三〇年の原発比率として〇%、一五%、二〇~二五%という三つのシナリオを想定した。それらの三択の形で意見聴取会を開き、パブリックコメントを募集した。この結果、おおよそ半数が原発〇シナリオを支持し、パブリックコメントでは九〇%近くが原発〇を支持する意見だった。これを受けて、過半の国民は原発〇を支持していると見て、民主党政権は原発〇のエネルギー政策に乗り出した。

あ、わかりました。典型的なタイプ2エラーです。原発反対という強い意見を持っている人は、いろいろ調べて意見聴取会などに参加し、パブリックコメントを送る。そうでない人は、そういう活動に参加するほどのモチベーションはない。だから、必然的に反対の意見が実際よりも多くなってしまうということですね。

そうそう。インターネットに反対派からの文書がたくさん出回っていた。ここのホームページにアクセスして、こうやって原発〇に投票し、原発反対のコメントを出そう。そういうマニュアルがね。

世論調査から政策に結びつけるところでタイプ2エラーがあると、重大な影響が国民全体に及ぶんだ

先生にも回ってくるのですか。

いや。ぼくには来ない。討論にしても野次や怒号だね。筋道を立てて話し合う、という雰囲気とはまるで違っていた。あんな中でまともな議論ができるとか、国民の意見が集約できると考える方がおかしいと思う。

わたしも見ました。子供たちには見せたくなかったですね。

そもそも三つのシナリオからして、選びようがないものばかりだ。どのエネルギーで必要な量を満たすか、そのコストはいくらかが問題となるはずだ。ところが、三つのシナリオは、どれも数字のつじつま合わせをしただけの非現実的なシナリオばかり。前提やコストの根拠があやふやで、原発○でも負担や二酸化炭素排出に影響が出ないような数字にしてある。こんな中から選べと言われても、常識ある人は判断できないだろう。もうひとつ。民主社会に決定的な汚点を残した。電力会社の社員が意見を述べるのを禁じたことだ。

覚えています。ふたりの電力の人が、個人の意見と断った上で、原子力推進の意見を表明されたことですね。そしたらケシカランということになって、結局は電力社員の意見表明が禁止になりました。

ひどい話だね。民主主義って何か、今は中学校や高校で習わないのかなあ。

習いますよ。国民が決めるということ。それで多数の意見にしたがうのですが、これは結果であって、大事なのはそこへ行く過程です。いろいろな意見を交換して議論する。議論を通していろいろなことが見えてきて、社会として合意に向かっていく。そうして最後は多数にしたがう。これが民主主義です。

そうだよね。ある人の意見はキライ、あの意見はキライで発言を封じる。報道の自由を騒ぎ立てるマスコミや文化人も知らんぷり。民主国家として恥ずかしいね。

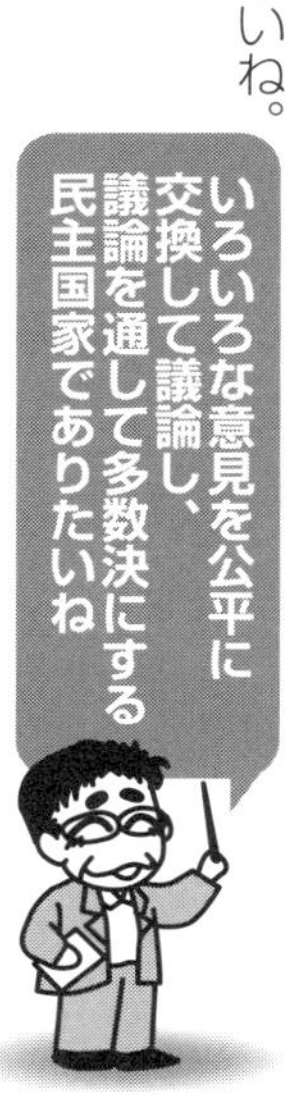
いろいろな意見を公平に交換して議論し、議論を通して多数決にする民主国家でありたいね

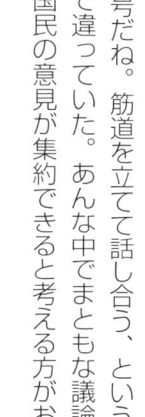

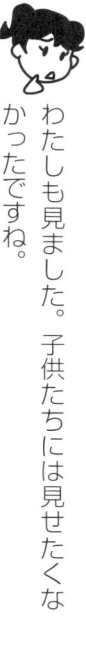

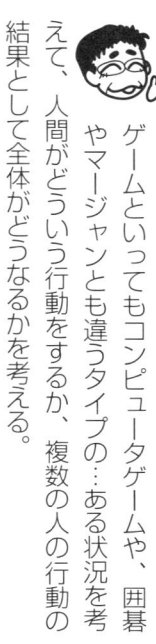

公共財ゲ〜ム
先生、どうされたんですか？王様ゲームのノリですね

第12回 公共財ゲーム

あ、そういうやつじゃないんだ、公共財ゲームは。ゲーム理論で扱うゲームのひとつ。

ゲーム理論ですか。面白そう。

ゲームといってもコンピュータゲームや、囲碁やマージャンとも違うタイプの…ある状況を考えて、人間がどういう行動をするか、複数の人の行動の結果として全体がどうなるかを考える。

たしかに普通のゲームとは違いますね。

そして人間は合理的に行動すると考える。

合理的って、良い人が良い行動をするということですか。

いや。ここでいう合理的とは、自分が最も得をするように行動するということ。利己的ということだね。人間のもっている優しさや公共心は、まずは外して考える。では具体的に、ある村に一〇人住んでいるとしよう。全員が一〇万円ずつもっている。道路か何か公共の役に立つものを共同でつくることになったとしよう。その公共財によるメリットを金額換算すると、集まったお金の二倍の効果だとしよう。

公共財ができれば全員が便利になり、集まったお金の二倍が戻ってくる。こういうことですね。

全員が一〇万円を出せば合計一〇〇万円。これが二倍になって二〇〇万円戻ってくる。一〇人で分けるからひとり二〇万円ということになる。

ひとり一〇万円が二〇万円になってメデタシ

メデタシ。

さて、お金出さない人がひとりいるとしよう。集まるお金は九〇万円。これが二倍だから一八〇万円戻ってくることになる。

九人で分ければ二〇万円ずつ。問題ないのでは。

ふふ。公共財はお金を出した人だけにメリットが戻るわけではないよ。道路でも橋でも、お金を出さない人に使わせないということは難しい。公共財のメリットは出さなかった人も含めて全員に戻る。だから一八〇万円は全員の一〇人で分けることになる。ひとり一八万円だ。

二〇万円と思っていたのが一八万円に減っちゃう。

もっと大事なことがある。お金を出さなかった人は一〇万円をもっているから、戻ってくる一八万円と合わせて二八万円になる。

ずる～い。

そうすると、出さない方が得だから誰もお金を出さなくなる。もし全員が協力すればひとり二〇万円になったのに、全員が一〇万円のまま。公共の利益、つまり全体の利益と個人の利益が相反するときの協力の難しさ。これが公共財ゲームの基本だ。

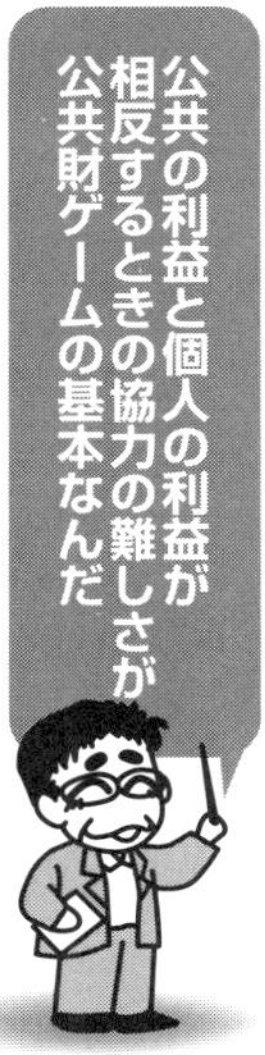

でも、人間は協力して道路や用水路をつくり、社会や文明を築いてきました。たくさんの人が公共心や道徳心をもっていると思います。

そうだね。しかし、なるべく得をしたいというのが人間の本性でもある。お金を出さずに得を求める人のことをフリーライダー（タダ乗りする人）という。フリーライダーをいかに抑えるか、これが人間社会の歴史。現在も同じ、制度や法律の多くはフリーライダーを防ぐためにある。

社会が協力・協調で動くようにするためですね。

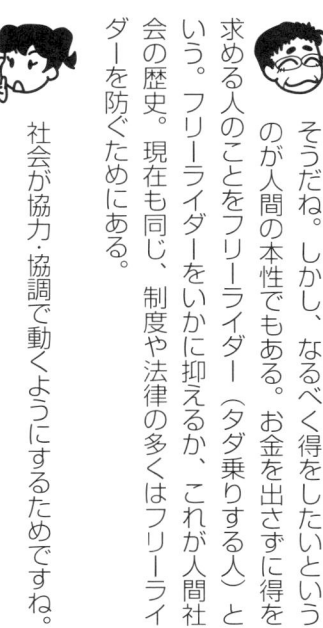

税金で社会に必要なお金を公平に集める。フリーライダーを罰することも必要だ。窃盗や詐欺を罰するため、警察や司法を用意する。著作権のフリーライドが出てくれば、それに対応できる法律を整える。過去には、協力しない者を村八分にすることが世界中であったんだろう。

先生は内臓脂肪が増えてきたから腹八分ですね。

ウマい。座布団一枚。身近なところでは、集団の掃除をサボる、宿題をやらずに他の人のを写すなどもフリーライダーだよ。

それならわたしも、となると、機能しなくなります。

公共財に戻ろう。みんなが必要なものをみんなで負担してつくる。これが公共財。社会インフラと呼んでいるものだ。エネルギーでいえば電力の設備。発電から送電、配電などたくさんの設備が必要になる。このような公共財を社会の全員が負担してつくる。そして誰もがスイッチをひねれば電気がつくというメリットを受ける。

電気やガスは使用量に応じて料金を払いますから、フリーライダーは出ないのではないですか。

別の公共財ゲームを考えてみよう。さきほどの村で一〇人が一万円ずつ出す。集まった一〇万円をひとりが公共性の高い事業に投資する。一〇万円の半分は事業を請け負う他の村の者が取り、残った五万円をそのひとりが独り占めする。持ち金はそのひとりが一四万円、他の村人は九万円になる。そして五万円は別の村へ行ってしまう。こんなことが現実に起きようとしている。

う〜ん。何のことでしょうか。

太陽光発電の買い取り制度だ。固定価格で電力会社が買い取ることを義務づけている。キロワット時あたり四二円と、とても高い価格が設定された。

ああ。先日ニュースで見ました。あまりに高いので、今年度は少し下げたということですね。

発電コストは設備利用率や為替レートによって変わるが、石炭火力やＬＮＧ火力でキロワッ

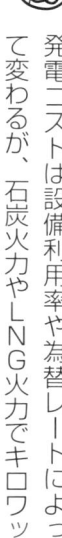

ト時あたり五円から八円ぐらい。四二円という値段設定がいかに高いかわかるだろう。さらに、電力系統への負担や、お天気任せの発電量を補うための待機発電という負担もかかる。もちろん、固定価格買い取り制度は自然エネルギーへの転換を誘導する政策の一環で、太陽光発電に関係する産業の活性化という側面があるのは認められるんだがね。

誰がそのお金を負担するの？

電力会社が負担するわけではない。余計にかかった分は電気料金に上積みされるから、結局は消費者が全部負担することになる。二番目の公共財ゲームのように、消費者全体がお金を払い、太陽光発電を事業にする者と、関連する産業が潤う構造だ。やった者勝ち。独り暮らしの老人や公営住宅の居住者など、社会的にそれほど強くない人にも負担を強いる。

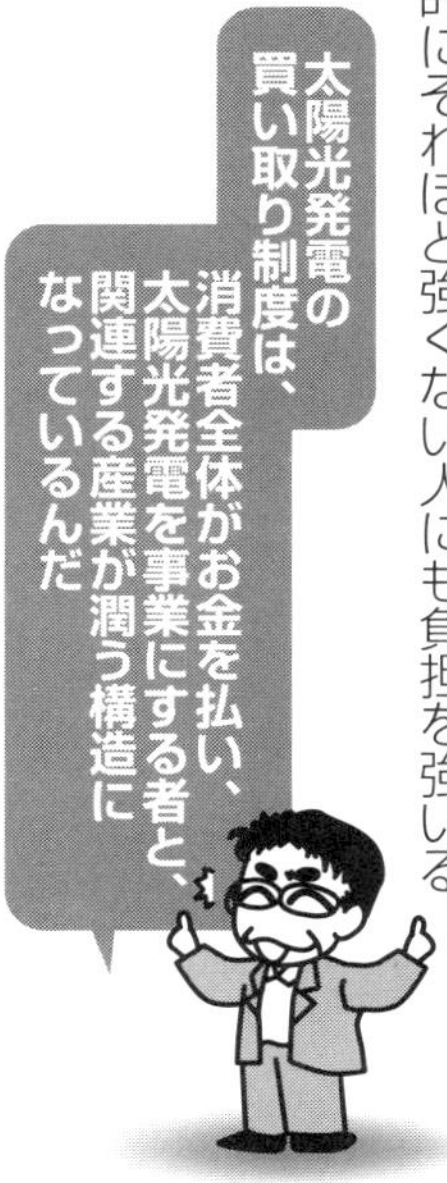

それでも、結果として太陽光発電が社会インフラとして残れば、多少なりとも価値を見出せそうですが。

その可能性を追求するなら、国がやるべきだ。資金が問題なら債券を発行して集める。そして国策で行う。国民の合意の下で進めれば、失敗しても仕方ないし、うまく行けば余剰のお金を国に戻せる。

ドイツで先行していたのではないですか。

ドイツは数年先んじて同じことをしてきた。太陽光発電からの電気を高額で買い取る制度だ。結果的に、消費者の負担が耐えられなくなり、買い取り制度を縮小している。そして、ドイツ国内の太陽光パネル産業は中国の安いパネルに駆逐され、結局のところドイツ国民の負担の多くが海外に流れ出ただけと報じられている。

目先のことだけでなく、人間がどう動くか、誰が何を負担するか、何が残るか。よく考えるべきですね。自然エネルギーはクリーンが売り物ですから、関係する人もクリーンであるよう願いたいです。

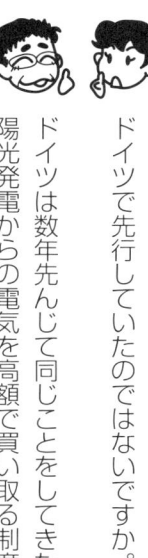

先日アウン・サン・スーチーさんが来日されました
ああ、ミャンマーの野党党首の方だねノーベル平和賞を受賞しておられる

第13回 ひと口のコーラ

そのとき、京都の小水力発電を視察されたというニュースがありました。小水力発電はミャンマーでは役立ちそうですね。

小川や用水の流れで小型の水車を回して発電する。出力は低いが、環境を損なわないし、安定した電気が得られる。だから、街路灯や不便な場所での小量使用には適している。ただ適材適所が大事だ。電気を何に使うのか、将来はどう変化するか、国の発展との関係はどうか。良く考えておくことが必要になる。ポイントはひと口のコーラ。

コーラが関係するのですか。

一九八〇年頃のアメリカだ。ペプシコーラとコカコーラがマーケットを競っていた。ペプシが仕掛けたのがペプシチャレンジ。小さいコップにコーラを入れ、飲み比べてみるというプロジェクトが行われた。

味覚テストですね。どちらがどちらのコーラかわからないようにして、飲み比べる。そしておいしい方を判定する。

結果はペプシが圧勝だった。コカコーラ社が自社でテストしても同じ結果だった。「これはたいへんだ」と大騒ぎになり、コカコーラ社は新しいコーラの開発に取り組むことになった。そして一九八五年にコーラの味を全面的に変更するに至った。もちろん何回も味覚テストを繰り返してね。ペプシに勝てるコーラ、ニューコークの登場だ。

失敗に終わったのですか。

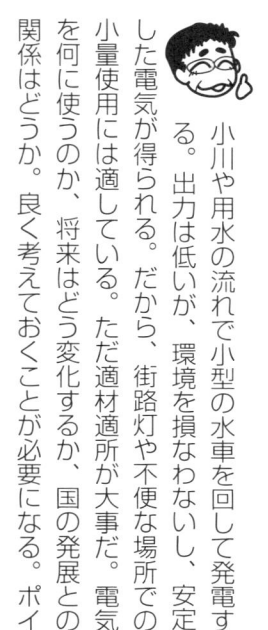

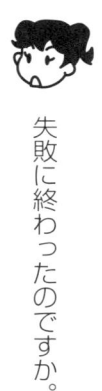

そう。マーケティングの歴史に残る失敗と言われている。ニューコークはマーケットにまったく受け入れられなかった。みんなスーパーやお店に残っている古いコーラを買いあさり、抗議の電話をかけた。あげくには署名運動まで起きた。やむを得ずコカコーラ社は、わずか三か月で古いコーラを復活させた。この名前がコカコーラ・クラシック。古いコーラそのものだ。ニューコークはその後自然に消滅して今は見当たらない。

何を間違えたのですか。

ひと口というところだね。味覚テストは、紙コップに入れたほんのひと口分のコーラで行われた。それを飲み比べる。ペプシの方がコカコーラよりも少しだけ甘いと言われている。ひと口だけ飲んだときには、普通は甘い方がおいしいと感じる。これが味覚テストでペプシが勝った理由だろう。

わかりました。ひと口味わうときはそうでも、コップ一杯やペットボトル一本のコーラを飲むときには全然違ってくるということですね。

ひと口のコーラと、ペットボトル一本のコーラでは味が全然違ってくるんだ

その通り。ひと口のコーラ現象。ひと口のコーラとペットボトル一本のコーラはまったく違うということ。日常でもよく見かける。たとえば大学の講義。

講義全体はつまらないけど、ちょっとだけ聴くと面白いということですか。

ちょっと違うね。外部の方に来ていただいて講義してもらう。研究や設計をしている人、デザイナー、起業家などにゲストとして来てもらい、ひとコマの講義をお願いする。実社会で技術がどう使われているか、経験を交えて話してもらう講義だ。

大学での勉強と社会をつなぐということですね。進路を決める参考にもなるだろうし、わたしも聞きたいです。

刺激的でとても面白い講義になる。役にも立つだろう。学生の多くが思う。ああ社会の人はやっぱり違う。緊張感もある。それに比べて大学の先生はつまらない講義をダラダラとやって…となりがちだ。

ひとコマの講義ということですね。ひとコマなら面白い話ができる。しかし、一学期の間、十数回にわたってロジックを組み立てて講義する。性質が違います。

そう。刺激的な話ではないだろう。しかし、一学期にわたって講義全体で示される筋道だった考え方やロジックは、知らず知らず学生の一生のバックボーンになることもあるだろう。

他にもありますか。

最近のテレビに多い芸能人の散歩番組。芸能人がぶらぶら街歩きをしながら、名産品や有名なデザートをつまむ。レストランを紹介しながら、そこの料理を味わう番組も多い。

したり顔の識者がワーワー言い合う番組よりは良くありませんか。

そうだね。それはさておき、ひと口食べた芸能人は、必ずウマイ、おいしいと反応する。番組構成上だけでなく、本当においしいんだろうね。散歩や収録でお腹がすいて、疲れているところに味の濃い食べ物、甘いデザートだから。

疲れているときのひと口。何でもおいしいですね。空腹は最高のソースという言葉もあります。

高級料理やデザートだって、食べ続ければ飽きてくる。それに比べると家庭料理はまったく別。ひと口の名産品、一回の高級料理と比べるのが変だね。三六五日、毎日工夫の連続だ。栄養を考え、コストを考え、味に変化を付け、家族の好き嫌いを考え…ブツブツ。ありがたいね。

先生、奥様へのヨイショになってませんか。

えー。エネルギーに戻ろう。小水力発電。自然エネルギーを使って街路灯を灯す。電気の恩恵を受けていない人に電気を届ける。こういう目的には役に立つだろう。

電気の恩恵。まずは電灯ですが、女性が家事から解放されるには洗濯機が大事だと聞きました。

川で手洗いしている様子などをテレビで見ると、情緒的でんびりムードと誤解する人がいるけれど、もっと想像力を働かせないといけない。毎日どれぐらいの時間をそれに費やすのか、喜んでやっているのか、消耗しているだけか。

そうですね。ミャンマーの地方に住む人も、いずれ洗濯機を使うようになるでしょうし、エアコンや大画面テレビなどを望むようになると思います。

それともうひとつ。ミャンマーが国の発展と経済成長を果たし、十分な雇用を生み出すには、海外からの資本を誘致し、産業を興すことが必要になる。そのためには、安定でコストの安い基幹電源が不可欠だ。スーチーさんが、いずれ政権の一翼を担う、そういう気概があるのなら、次に日本へ来られるときは、ぜひ大型の水力発電、火力発電の開発や環境保護技術などを視察されるといいね。

ミャンマーの経済成長とともに安定でコストの安い基幹電源が不可欠になる
小水力発電だけでなく、大型の発電システムが必要になるだろう

そうですね。女性としても応援しています。

同じことは結婚相手にも言えるよ。

ひと口のコーラがですか。

うん。合コンで出会う、デートする。相手がイケメンだと良いだろうし、女性に気遣いができて、デートを楽しくリードしてくれるとポイントは高いだろう。少し前には、相手の男性に望むのは三高とも言ってた。でも、こういったことは、ひと口のコーラだということを頭の片隅に置いておくと良いね。ペットボトル一本はまた違うかも知れない。結婚には、長い間一緒にいるという点も大事だから。

参考になります。ふふ。

今日のテーマは、人間の判断は合理的かどうかさあ、どうかな
道理にしたがって考えるということですね
人間には理性も知性もありますから、合理的に判断していると思います

第14回 認知バイアス

それじゃあ、こんな場合はどう。AとBのふたりに誰かが合計一万円あげるとしよう。それでAに一万円を渡す。Aはそのうちのいくらでも良いからBに渡す。

それは不公平です。決める側のAが有利だから。

そう。Aが渡す金額を決める。渡すのはいくらでも構わない。一〇〇円でも一〇〇〇円でも。ところが最終判断はBがする。BがOKと言えば、Bは渡された金額、Aは残った金額をもらえる。もしBがノーと言えば、AもBも一円ももらえない。

わたしがBなら一〇〇〇円や二〇〇〇円ではノーです。だって不公平ですもん。

そう。多くの人がそうだろう。公平を重んじる。しかし道理からは違う。OKしておけば何もせずに一〇〇〇円、二〇〇〇円がもらえたのに、ノーと言ったため一円も手に入らないことになる。

でもAが八〇〇〇円、九〇〇〇円も受け取るのは納得できません。

取締役に何億円もの報酬を払う会社もあるよ。Aが取締役。ガッポリ取って残りはBで分けてねって。

社員の方はノーと言えませんから。そんな会社のモノは買う気がなくなります。

このように人間は必ずしも合理的に判断しているのではない。公平性や感情、先入観、直感などが判断に影響するということがわかってきた。認知バイアスと呼んでいる。

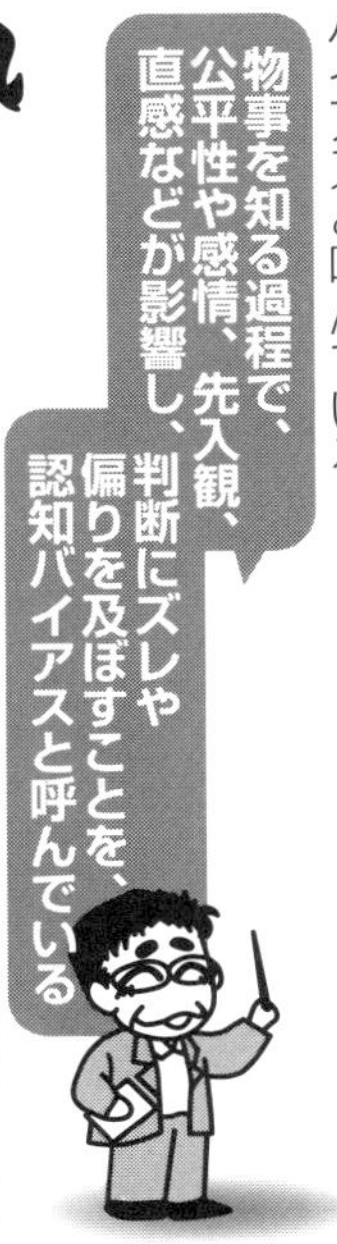
物事を知る過程で、公平性や感情、先入観、直感などが影響し、判断にズレや偏りを及ぼすことを、認知バイアスと呼んでいる

認知に、つまり思考して物事を知る過程で、ズレ、偏りがあるということですね。

そのとおり。いろんな種類の認知バイアスがある。まずは、あと知恵バイアス。何かが起きてからあとで説明する。スポーツの解説や経済評論に多い。あの選手は気持ちが乗り移って思いっきりバットを振ったからポテンヒットになった、もしあそこでスライダーを投げていれば抑えられたのに、とかね。経済では、評論家や学者が円安になったのは何々が原因、株価が上がったのは何々のせい。毎日毎日、結果論を繰り返している。

あと知恵バイアスとは、物事が起きてからあとで結果論を説明すること

みなさん、自分はわかっているという顔をされながら、結果の説明、つじつまの合う話をしているだけですね。

ふたつの問題がある。本当は複雑で答えのない問題について安っぽいストーリーを仕立て上げ、わかったような解説をすること。もうひとつは、あたかも自分は予測ができるように思ってしまうことだ。スポーツ評論なら笑って済ませられるけど、経済解説や事故の評価は見過ごせない。

事故評価もですか。

そう。トンネルの天井板落下事故も福島の原子力事故も何でも同じだ。事故が起きると必ず、自分は予想していた、こうなると思っていたという人がたくさん出てくる。事故調査が行われ、つじつま合わせで事故に至ったストーリーをつくってしまう。それで、誰が悪い、どこが悪いという話で終わってしまう。

そういえば、いろいろな事故調査委員会のメンバーを見ると、専門家でもないような人がたくさんいるので、何を議論するのか不思議に思っていました。

もったいないね。本当なら、技術と社会の関係を考え、システムの脆弱性をチェックして、社会がもっているリソースをうまく振り分けることを検討する絶好の機会になるのに。

そうですね。

じゃあ、次は確証バイアス。

確証ですか。辞書では「確かな証拠」という意味ですが。

コンファメーションの和訳だけど、訳が間違っている。強化バイアスと呼ぶ方が正しいよ。人間は、自分の信念や先入観に基づいて判断を下す。いろいろな情報から自分の信念、先入観にマッチする情報だけを集め、それらを強化する。マッチしない情報は無視する。これが確証バイアス。自分に都合の良い情報だけを集めること。

確証バイアスとは、自分に都合のいい情報だけを集めて、先入観を強化すること

禁煙するストレスの方が健康に悪い、と言ってタバコを吸い続ける人ですね。

そうそう。今、停電になってないから原子力はいらない、という話もそう。この類の話はマスコミやニュースキャスターにはとても多いよ。たくさんあるニュースから自分や局の世界観に合うニュースを取り上げる。反対のことは知らん振り。そうして大向こうを意識して誰かを非難する。

エネルギーは、自然エネルギーを取り上げておけば間違いない。原子力はマイナスのニュースだけ取り上げる。そういえば某放送局、エネルギーの専門家に出演を依頼した後、その方が原子力は必要という考えをもっておられることがわかって、あわてて出演を断ったそうです。

演出の都合上（笑）だね。メディアとして失格。こうして国民には独善的に不正確なニュースだけが伝えられる。大事なことは何か、伝えられないままだ。マスコミ自体がわかっていないし、自分にバイアスがある、偏向報道だと思っていないから、どうしようもない。

エネルギーだけでなく、教育、福祉、金融、医療など社会を取り巻く問題はみな同じではないでしょうか。

そう。同じだ。エネルギー、教育、医療などはとても複雑な構造をしている。単純な答えがない。誰か悪人を取り除けば解決ということもない。こういう問題については、まず何よりも客観的な事実を知りそれを判断に活かしていく。では誰の意見を聞くべきか。エネルギーについては研究開発に携わる研究者や産業の最前線で働く技術者の声を聞くべきだ。初中等教育についてであれば小中学校の現場の先生、医療であればお医者さんや看護師さんにまず現状と見解を聞くべきだ。ところがマスコミにあふれるのは、何とか評論家や市民活動家、ニュースキャスターの意見ばかり。バイアスがかかった中途半端な知識だけで、それを隠すため専門家とは議論をしない。そして瑣末で刺激的なニュースばかり流れ、国民は考える機会をもてないままだ。

最近のマスコミは、
バイアスがかかった
偏向報道が多すぎるんだ

そうすると、インターネットの時代、ソーシャルメディアの時代の情報の流れの変化に期待できるのでしょうか。

そうだと思う。ただ気をつけなきゃいけない。認知バイアスは誰もがもっている。もっていることを知った上で、より良い社会の意思決定につなげていくよう考えることが大事だ。インターネットの世界は自分で情報を選ぶことができる。どうしても部族化しやすい。同じような傾向の人、同じ趣味や同じ嗜好の人が集まって閉ざされたコミュニティをつくりやすいからね。

自然にバイアスまみれになってしまう恐れがありますね。

気をつけたいよね。もうひとつ。わからないのが本当だということ。マスコミでもインターネットでも、大声で主張する人、わかったかのように話す人は眉にツバして聞いておこう。自分の分野は良くわからないことがわかった、という専門家が出てきたら、その人は信頼に値する。

宿題は、わからなかったではダメですよね。

ファジィって
何か知ってる?
家に昔あった
洗濯機にファジィって
書いてありました
でも何のことかは
知りません

第15回 あいまいさ

ファジィは英語の綿毛から来ている言葉。「はっきりしない」、「あいまい」という意味だね。

じゃあ、ファジィ洗濯機はあいまいに洗うのですか。

いや。洗濯機の制御の問題なんだ。全自動洗濯機をどう動かしたら良いだろうか。普通に考えれば、洗濯物の種類、量、汚れなどから回転力や洗濯時間を決める。もし人間ならどうするだろうか。

洗濯物を見て、ひどい汚れなのかちょっとした汚れか、布が分厚いかどうか、量は多いか少ないか、こんなことを考えながら洗い方を決めるでしょうね。

人間は経験や常識に基づいて、まあこんなものだと決める。機械はそうではない。洗濯物の汚れや種類、量をセンサーで調べる。水温や洗剤の種類も考えて洗う条件を決める。ところが、洗濯物の汚れがどの程度のものが混ざっているか、油汚れか泥か、綿がどれぐらいで合成繊維がどれだけか。細かく厳密に調べていくとキリがない。

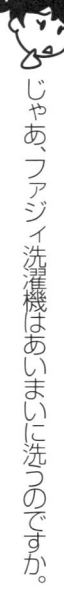

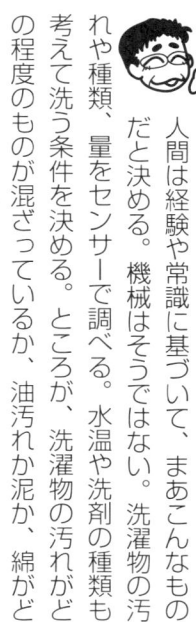

そうですねえ。調べ落としもあるでしょうし、同じ布でも優しく洗ってほしい場合もあります。

それなら全自動洗濯機でも、人間がやるようにあいまいさを考えて推論・判断し、洗い方を決めるのが良い。条件が違ってもバランス良く洗うことができる。これがファジィ洗濯機の原理だ。センサーで調べた洗濯物の種類、量、汚れなどの分布のあいまいさを考える。そうして撹拌の強さや洗う時間を決める。あいまいさを考えることで、幅広い条件にバランス良く対応できる技術だ。他にもファジィは地下鉄やエレベータ、炊飯器、扇風機の制御にも使われている。

そういえば日常でも、ちょっと待って、ぬるめのお湯で、塩を少々といった使い方をしますね。

そう。カップ麺ならちょうど三分待つけどね。料理の仕上げに塩を〇・五グラムなんて言われても、おいしくなりそうもない。

あいまいさが大事ということですね。

正確さを重視して数字やデータに頼る。ところが数字やデータは万全ではない。かえって本来の目的を損なってしまうこともある。あらゆることには不確かさ、不透明さ、あいまいさがつきもの。それならあいまいさを前提に推論しようという人工知能の一分野がファジィだ。

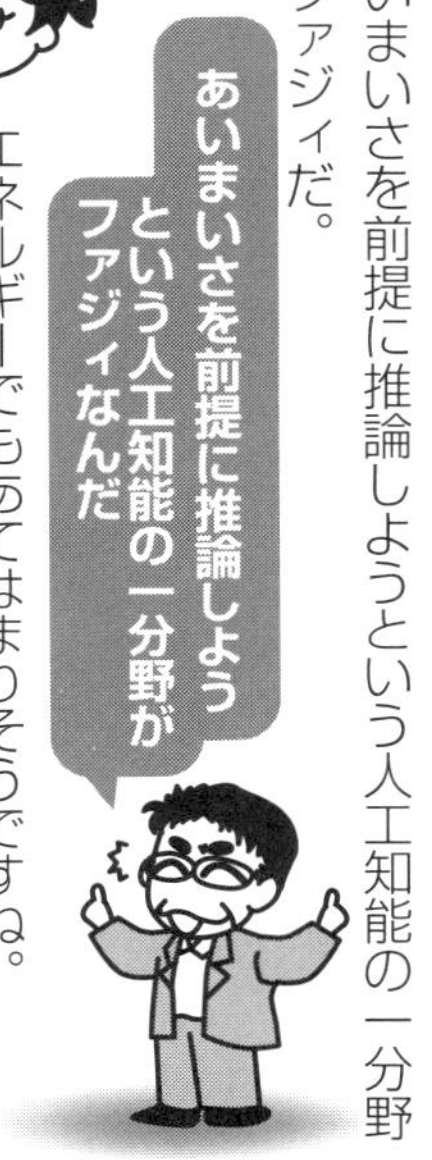
あいまいさを前提に推論しようという人工知能の一分野がファジィなんだ

エネルギーでもあてはまりそうですね。

不確かさや不透明さを考えることが大切。エネルギーは社会生活と産業経済の基盤だ。これからは資源や環境の制約がますます厳しくなってくる。国際関係や経済状況も見通しが難しい中で、どのようにして安価なエネルギーを継続的に確保するか。これがわが国の最も重要な課題のひとつになっている。

この前の参議院選挙では、野党のほとんどが脱原子力を主張していました。

根拠のない大合唱で国民を誘導する。第二次大戦の頃みたいだね。自然エネルギーを増やしていくという主張はわからなくはない。でも、自然エネルギーに国民の将来を預けられるほどの見通しは得られていないというのが専門家の一致した見方だ。野党は、民主党政権の時と同じように、根拠のない数字のつじつま合わせで政治的にアピールをしているだけ。ひどい話だ。

エネルギーの将来は不透明。本来は、そういう不透明さや不確かさを前提に、こういうことを考えて進める。状況が変化したらこうしていく。うまく行けば良いが、うまく行かない場合の代替を考えておく。

どんな政党であれ、これが真っ当なエネルギー政策のはずですね。そういえば野党は、エネルギーだけでなく、経済、外交、社会保障などでも現実味の乏しい言い切りをたくさんしていたように思います。どうしてこうなるのでしょうか。

シェリングの居住分布モデルというのがある。住居が碁盤のマス目のように並んでいるとしよう。白黒の碁石をばらまいたように、最初は白人と黒人が混ざり合って住んでいる。

仲良きことは美しき哉です。

ひとりひとりを見てみよう。ひとりの周りには何人かの隣人がいる。白人は周りに黒人がいると住みにくいので、どこかへ転居し、そこには黒人が入ってくるとする。同じように、黒人は周りに白人がいるとやはり住みにくいので、その黒人は出て行き、白人に換わるという。そうすると、白人と黒人はだんだん別々に住むようになり、白人居住区と黒人居住区に分かれてしまう。

自然に分かれるのですね。

では、個人では誰も人種排他的でない場合。白人は、隣人の半分までは黒人でも構わない、黒人も周りに半分までなら白人がいても構わない場合にはどうなるだろうか。

混ざり合って住むのが続きそうですが。

いや。この場合もやはり白人と黒人の居住区が分かれる。

そうなんですか。

たまたまたくさんの違う人種に囲まれた人が他へ移り、そこは周りと同じ人種になる。そうすると、そのあたりでローカルな人種のバランスが崩れて、また次の移住が起こる。こうしてドミノ倒しのように居住区が分かれていく。

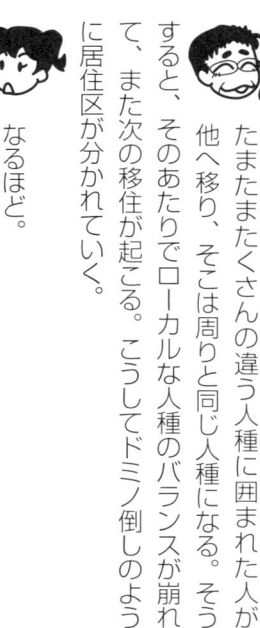

なるほど。

個人はそれほど人種排他的でなくても、社会全体としては排他的になってしまう。個人の考えから社会全体の動きを見通すことは難しい。逆に、社会全体の動きから個人がどう考えているかを推測することもやはり困難な例だね。

政治も同じなのですね。

ひとりひとりの政治家は合理的だとしよう。あまり自信はないけど。原子力の必要性も理解しているし、自然エネルギーが社会を支えるのは思うほど簡単ではないことも分かっている。でもシェリングモデルのように、政党全体としては具体性と実現性の乏しい極端な意見に行き着く。

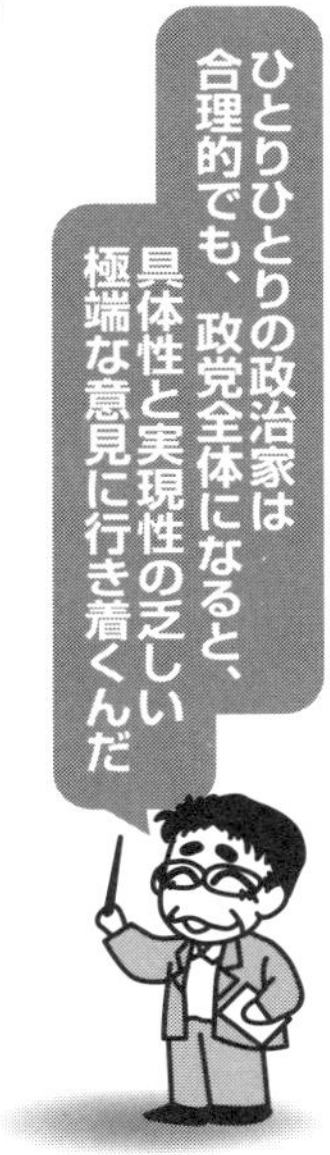

ちょっとしたローカルなバランスの崩れから、政党全体として無責任なアピールに行き着いてしまう。ありそうです。

政治家個人の考えとは別にね。まして政党は、政治的にわかりやすくアピールすることに重きを置くので、極論に行きやすいんだろう。

集団は賢くも愚かでもある。

社会や経済、それに人生も○か一か、白か黒かではない。不確かさ、あいまいさを受け入れ、まるごと包み込んで全体を考えることが必要だ。現代人は、データを細かく調べて分析することは得意だ。しかし、これによって思考が硬直化しているのも事実だ。

答がある問題は解けるけれど、答がない問題は苦手ということですね。

その通り。現実に遭遇する漠然とした問題が何を要求しているか。あいまいさの中に真実があるかもしれない。われわれは、こういうことを考え、受け入れる能力に乏しいのだろう。柔軟に幅広く考える。システム的な思考が大切だね。

あいまいさの中に真実がある。カッコ良いですね。うふふ。先生もまあまあカッコ良いですよ。

相変わらずテレビは
クイズ番組が多いね
わたしも時々観ます
クイズ王が出てくる
ようなコアなものは
ちょっと引きますけど
モンティホール問題
ってクイズですか

第16回 モンティホール問題

いや。クイズの優勝者がチャレンジするような商品当てのゲームだ。アメリカのテレビ番組で、司会者の名前がモンティホール。挑戦者には三つのドアが示される。三つのドアのどれかに商品の車が隠れている。残りのふたつのドアはハズレで、それぞれヤギがいる。

車の入っているドアを当てれば良いのですね。

そう。三つのドアからひとつを選ぶ。選んだ後で、モンティは残った二つのドアのうちひとつを開けてくれる。ヤギがいるドアだ。そこで、選んだドアをそのままにするか、もうひとつのドアに変更するかというのが問題。

ステイ・オア・チェンジ。

そう。ステイでも良いし、チェンジしても良い。例えば三つのドアをA、B、Cとする。キミはAのドアを選んだとする。するとモンティはBとCのドアのどちらかを開けてくれる。もちろんそこにはヤギがいる。これをBとしよう。

モンティが車の入っているドアを開けることはありませんか。

モンティはどこに車があるか知っている。キミが選んだAに車が入っていれば、モンティはBかCのどちらかを開ける。もしAがヤギなら、モンティはBとCのうち車ではない方、つまりヤギの入っているドアを開ける。

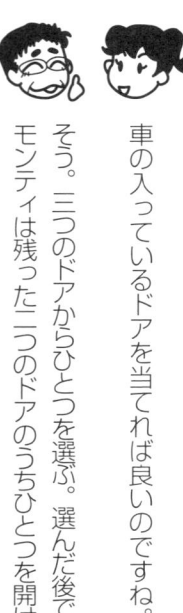

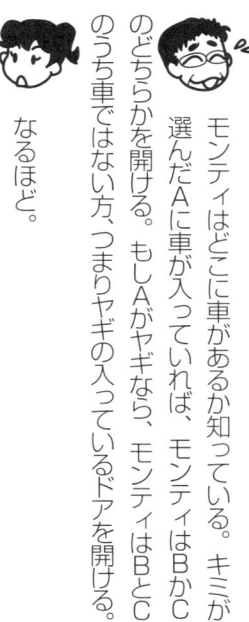

なるほど。

さあ、キミの前には自分が選んだドアAと残ったドアCがある。ここで、選んだドアを変更しても良い。もちろん変更しなくても良い。さあどうするか。Aのドアままステイするか、それとも、Cのドアにチェンジするか。どちらが良いでしょうか。

残ったドアは二つ。どちらかが車、もうひとつがヤギです。確率はどちらも二分の一ですから、初めに選んだAのままでも、Cにチェンジしても同じではないでしょうか。

ブー。残念。チェンジした方が良いんだ。当たる確率が三分の一から三分の二に上がる。

え～、どうしてですか。

最初に選んだAの当たる確率は三分の一。これは変化しない。BもCも同じく当たる確率は三分の一だが、モンティがヤギのいるBを開けてくれたことでBの当たる確率はゼロになる。その分Cの当たる確率が増えて三分の二になる。

でも確率が移るんですか。

そんなものだね。BとCを合わせて考えれば良い。合わせたものが当たる確率は三分の二だ。モンティがBはヤギだと示してくれるので、Bの確率はゼロ、Cの確率は三分の二になる。

何となくわかってきました。

トランプで考えてみよう。スペードのエースを当たりとする。ひと組五二枚のトランプから一枚をランダムに引く。引いた一枚と五一枚の山が残る。そこへモンティが来て、五一枚の山からハズレのカードを五〇枚取り去ってくれる。引いた一枚か残った一枚か。どちらにスペードのエースがある確率が高いか。

わかりました。引いた一枚と五一枚の山のどちらにスペードのエースが入っているか。こういうことですね。当然五一枚の山に入っている確率がはるかに高いですから、モンティが除いてくれて残った一枚にチェンジすべきです。

その通りだ。

三つのドア問題はなかなか理解しがたいです。

直感ではAとCの当たる確率、どちらも同じだと思いますよね。

かつてアメリカでは、数学者も誤解して延々と議論が行われた。今でもモンティホール問題を扱うと、それは間違っていると苦情がたくさん来るらしい。こういう確率そしてリスクの問題は、現代社会の意思決定の基本となっている。原子力安全はリスクで評価されるし、交通事故や自然災害、医療手術もリスクという確率を考えなければならない。

先生のお好きなギャンブルも確率ですね。

ゴホン。モンティホール問題からの教訓。不確かさがある中で選択をするときに、直感と違う場合があるので気をつけること。それと、情報や知識を活かしていくこと。モンティがヤギのいるドアを開けてくれる。この新しい情報を組み込んで選択していくことが大事だ。

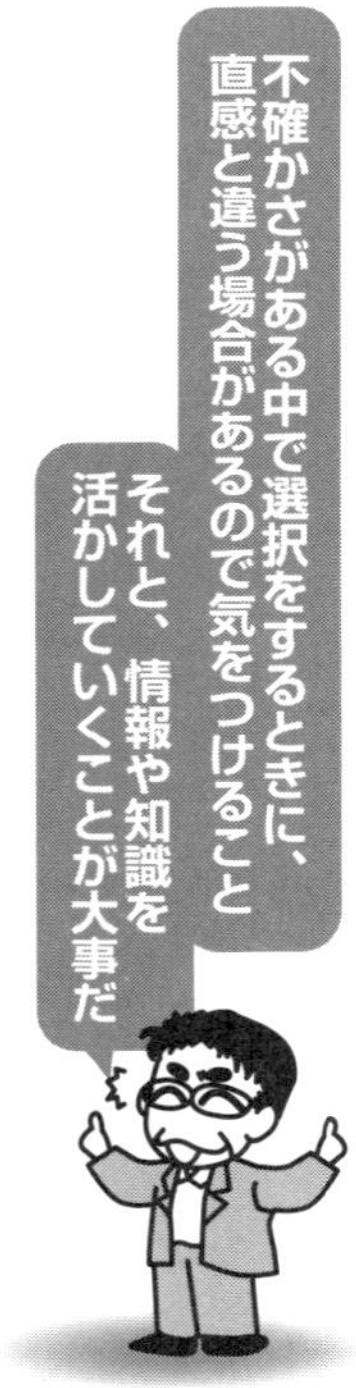

不確かさがあるときには情報や知識を増やす。知れば知るほど良い意思決定ができるということですね。

そう。ある犯罪の容疑者がふたりいるとしよう。見かけはふたりともほとんど同じだ。どちらが犯人かは五〇%、五〇%ということになる。ところが情報があると違ってくる。ひとりはエリート会社員、もうひとりは前科三犯のフリーターだった。そうなると犯人である確率は違ってくるだろう。

フリーターの確率が高くなります。でも、テレビの二時間サスペンスドラマだと、高い確率でエリート会社員が犯人です。

ウマい。まとめておこう。情報がない場合には同じ確率を割り当てる。ふたりの容疑者、三つのドアは確率的に区別できない。でも情報が入ると違ってくる。モンティがひとつを開けてくれる。職業や経歴がわかる。こういうことを活かして意思決定するのが大切だ。固定観念、教条、場合によっては直感にも固執しない方が良い。エネルギーはもちろん、社会保障、国防、教育など、独善的な考えによらず、情報や知識を得て柔軟に考えることがとても大事だ。

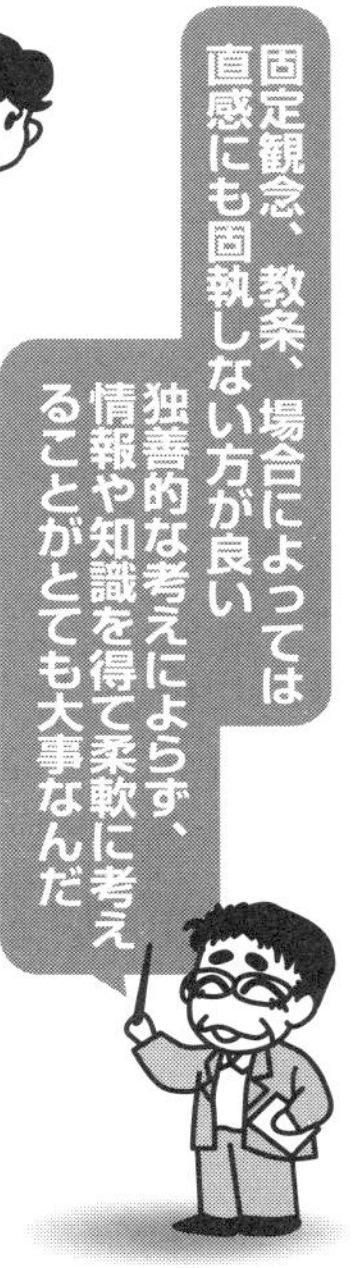
固定観念、教条、場合によっては
直感にも固執しない方が良い
独善的な考えによらず、
情報や知識を得て柔軟に考え
ることがとても大事なんだ

情報といっても玉石混交。いろいろあると思いますが。

その通り。また別の問題だけどね。夫婦間や恋人間の会話。字句通り受け取って意思決定するとトンデモナイことになる場合もある。マスコミが作為的に一部を切り取っただけの情報、政治家の発するあいまいな情報も同じだ。

先輩が、会社説明会の内容から楽しそうな職場だと思って就職したら、実態はぜんぜん違っていたとこぼしてました。

情報を選別し判断するリテラシーを高める必要がある。

不確かさの中で情報を最大限活かしていくこと。ただし情報の意味については慎重にチェックすること。

もうひとつ。モンティホール問題で、確率上有利になるとわかったとしてもドアをチェンジしない場合がある。人間の心理的な特性が関係している。すでに選んだもの、もっているものを別のものと交換したくない。もし交換して結果が悪くなると、とても後悔する。だから交換しない。こういう心理が働く。

現状維持を好むという心理ですね。

これを修正するのは思うよりも難しい。アマチュア投資家が、株価が下がっていく局面で損をしても切り抜けること、いわゆる損切りがなかなかできない原因のひとつだね。

ところでハズレのヤギですが、ハズレというほど安くないのではないですか。

取引価格を調べてみた。値段は体重によって変わる。重い方が高い。まあ、おおよそ五万円ってところだね。

体重によって値段が変わるって…。ヤギさんかわいそう。

第17回 カコノミクス

世界を良くする運動を起こそうと思って。

宗教家か、うさん臭い人と思われますよ。それより今日のテーマ。カコノミクスって何かの経済政策ですか。

いや。イタリアのオリッジという人が言い出した言葉だ。カコというのはギリシャ語の接頭辞で「悪い」、「グレードが低い」という意味。文字通りでは悪い経済学だが、低クオリティの取引を意味している。

クオリティの低いものの取引なんて誰もしないですよ。

そうでもない。キミは大学の講義を受けるとき一生懸命勉強するかい。本当に一生懸命にだよ。

ギクッ。人並みには勉強しますよ。課題もやります。

文部科学省の規定では、学生は講義を受ける時間と同じ時間だけ予習し、同じ時間だけ復習することになっている。

そうなんですか。そこまでは勉強してません。たくさんの講義がありますし、他にもいろいろあって。学生は忙しいんです。

先生も同じさ。みんな良い講義をしようと思っているけど、寝食を惜しんでということもないし、やっぱり他にもやることが多い。結局、前年の講義と同じで…と。

お互い様ですね。

これがカコノミクス。低クオリティというほどではないけど、そこそこ。先生はそこそこの講義をし、学生はそこそこ勉強する。社会学や経済学では、モノであれサービスであれ、人間は高クオリティを求めることを前提にしている。相手も高クオリティを求めるので、高クオリティ同士の取引、交換が行われるはずだ。カコノミクスは、そうではないことを指摘している。高クオリティを謳いながら、実はそこそこの取引、低クオリティの交換が横行しているのだと。

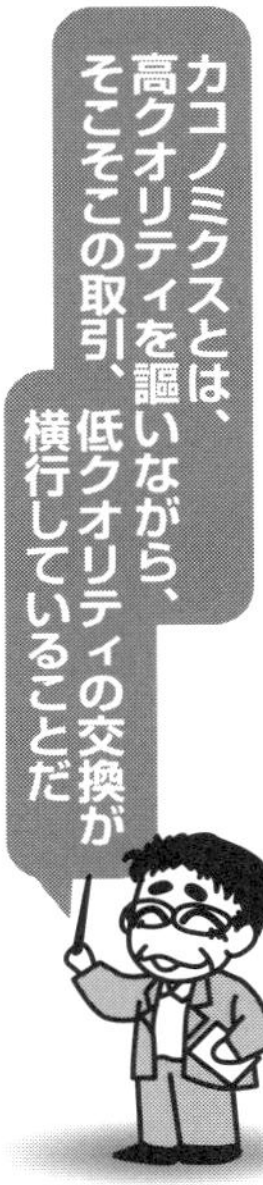
カコノミクスとは、高クオリティを謳いながら、そこそこの取引、低クオリティの交換が横行していることだ

なるほど。

オリッジが述べているカコノミクスの例。イタリアの建築業者は、約束の期日までに家を建てることはまずない。しかし、依頼主が約束の期日までに費用を払うことも期待していない。建築業者と依頼主の間で、期日を守るという高クオリティの約束をしながら、実際は低クオリティの取引が行われる。

イタリアっぽいですね。あうんの呼吸とか、空気を読むというのに近い気がします。

ポイントは、外に向けては高クオリティを謳い文句にしていることだ。先生は一生懸命教える。学生は一生懸命勉強する。約束の期日は守られるはずだ。そういうことになっている。しかし実際にはそこそこ、低クオリティということになる。

どうしてそうなるのですか。

人間はロボットとは違う。そんなにしっかりしていない。決まりごとを続けたり、約束を守るのもたいへんだ。取引で、相手が高クオリティ、自分が低クオリティを出して交換したときには得をする。しかし、そんな取引は続きはしないし、相手に悪いと思う感情が起こる。逆に、相手が低クオリティで自分が高クオリティのときは、だまされたようで心地良くない。

そうすると、お互いが当てにならない、お互い

に約束を守らないという低クオリティの交換に落ち着くのですね。こういうことが実は世界を動かしていると。

そう。社会全体としての効率は落ちるだろう。シャキシャキと高クオリティの交換をしている場合に比べれば。でも高クオリティ交換は観念的なもの。長くは続かないだろう。

過大に期待されたり、当てにされるのは辛いときがあります。

社会制度や仕組みの設計においては、カコノミクスを前提にした方が良いだろう。省エネルギーにしてもリサイクルにしてもね。ほとんどの人はエネルギーや資源の節約が大事なことを理解している。しかし、それによる不自由さを受け入れたり、お金を負担してまではなかなかできない。そこそこまでなら、相応の範囲までなら喜んでする。こういうことを考慮して省エネやリサイクルの仕組みをつくること。

そうですね。省エネルギーや地球温暖化。一時期は大騒ぎしていました。京都議定書の約束を守れないとは何事か。そんな話が多かったですが、最近は報道もあまりされません。本当は地道に続けていくことなのに。

カコノミクス。外には高クオリティを謳う、ここに注意が必要だ。インチキ臭い美辞麗句が並ぶ。政治的なアピールの多くはこれだ。国民の命と暮らしを守る。理念としては結構だが、お金や人手には当然限りがある。その条件で、どういうことをどうやっていくのか。具体的に話をするべきだ。同じように新聞は社会の木鐸。社会に警鐘を鳴らす意味だと思っていたら大間違い。新聞は社会を教え導くという意味らしい。政治もマスコミも国民の知性や理性をバカにしているとしか思えない。

カコノミクスは高クオリティを謳う、インチキ臭い美辞麗句が並ぶ
ここに注意が必要なんだ

それで「世界を良くしよう」ですか。八八八。なるほど、空回りする美辞麗句ということです

ね。美辞麗句といえば、三〇日で〇キロ痩せる、聞くだけで英語がペラペラに、こういうのもカコノミクスですか。

そのにおいがするね。そういう高クオリティのキャッチフレーズには、高クオリティの努力や行動が必要なはずだ。ところが人間はそうそう続けられない。理念的には可能でも、現実的には不可能。だからダイエットは高い確率で失敗するし、お経のようにダラダラと英語を聞き続けても効果は出ないだろう。

そうですね。人間は人間ですからね。

カコノミクスに似た困った問題がでてきている。説明責任だ。カコノミクスは個人だが、説明責任は社会全体に及ぶ。

すべてについて、どうしてそういうことをしたのか、約束したことをどうして守れないのか。その理由を社会に向けて合理的に説明しなければならない。こういうことですね。

説明責任を果たすために、かえって低クオリティに行き着いてしまう。ワンマン社長が経験と勘で仕事を進めてきた。株式会社になるとそうはできない。ベテランの経験と勘の方が正しいと思っても通らない。合議をしたり、財務分析、監査人アドバイスなどに基づいて決める。こうしないと株主に説明ができない。研究もそう。事前にこういう結果がでるはずで、その結果はこう役に立つと説明しないと認めてもらえない。

そんなにわかるなら別に研究しなくても良いですね。

行政、教育、医療などの現場は、説明責任のために低クオリティにならざるを得ない。思いきったこと、クリエイティブなことはできない。テレビドラマと違ってね。原子力の現状も同じだ。火山が爆発して火山灰が降ってきたらどうなるか。ほとんど意味がないことだが、退ける理屈がない。それでどの火山がどんな爆発をして、どれぐらいの火山灰が降るか。その確率はいくらか。そのときどういう対策を取るとどれぐらいの安全性になるか。こんなことを延々と繰り返して時間が過ぎている。

説明責任。まさに黄門様の印籠ですね。

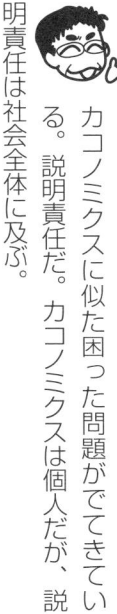

先生、今日のテーマのインテリジェントデザイン、何となくわかります
うんうん

第18回 インテリジェントデザイン

知的な設計ということですね。エネルギーシステムでも何でも、知的に設計すること。

ぜんぜん違うんだ。この言葉はアメリカでは固有名詞になっちゃっている。人間や世界は神がつくったという創造論のこと。

そうなんですか。でも、あらゆる生物は進化の結果だと科学的に認められているのではないですか。

もちろんそうだ。でも去年のギャラップ社の世論調査によると、アメリカ人の四六%が人間は神がつくったと信じている。宗教の影響だろう。インテリジェントデザインは、そういう中で生まれた創造論のお化粧版だ。

名前からしてカッコ良いです。

進化論は、ランダムな変動から良いものが残るということ。人間や生物のように複雑な機能をもつものが、こんなプロセスだけでできるわけがない。複雑な機能を設計した知的なデザイナーがいたはずだ。そのデザイナー、神のことだけどね、神が人間をつくった。これがインテリジェントデザイン。

神が人間をつくった
これがインテリジェントデザイン

創造論を言い換えているだけではないですか。

そのとおりだが、やっかいなことに、神は直接には出てこない。デザイナーがいたはずだという論拠だから宗教ではない。進化論とは異なる科学的な見解だ、だから中学生や高校生に進化論だけを教えてはいけない、インテリジェントデザインも合わせて教育するべきだ。こういう主張になっている。

理科の先生は進化論を理解してますから問題ないでしょ？

いや。アメリカには、理科の先生にも創造論を信じている人が少なからずいるらしい。保守系の政治家にやはりインテリジェントデザインを信じて運動する人がたくさんいる。政治的なアピールという意味もあってね。そういう運動の結果、いくつかの州では進化論とインテリジェントデザインを両方教えることが規則になっているそうだよ。

科学の否定ですね。アメリカのような先進国で。

キリスト教原理主義だね。進化には気をつけて発言しないと非難が集中する。中絶の問題も同じ。キリスト教の教義に反するからといって、中絶を行うクリニックが非難され、襲撃まで行われる。

イスラム原理主義をどうこう言えないですね。日本にはそういう宗教的な原理主義はありませんから良かったです。

いや。同じようなことはたくさんあるよ。

原理主義がですか。

そう。科学と生活が関係するところに多い。健康や医療の分野など。

具体的にどんなところですか。

たとえば福島事故後、放射線被ばくの健康影響の問題だ。放射能の除染や避難の解除に関連して、許容される被ばく量のレベルを決めなければならない。これまでの経験や研究の成果、自然放射線からの量などを検討してリスクを抑えられるようなレベルを設定する。ところが原理主義的な意見が出てくる。放射能はいやだ、被ばくはゼロにしなければいけない、こういう極端な意見だ。

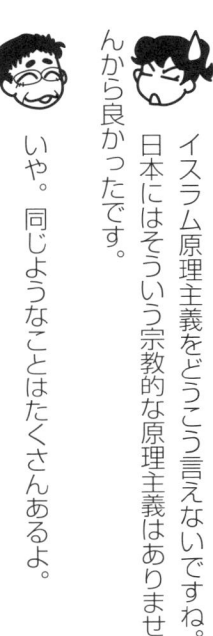

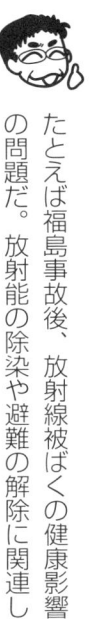

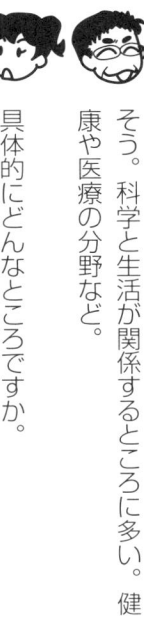

事故の後、神経質になる方もいましたし、なんの問題もないガレキの受け入れにも反対運動が起きました。

心配はわかるけど、放射線は自然からも受けるし医療でも使う。あるレベルまで影響が認められないこともわかっている。ちょっと不謹慎だが、お酒と比べられる。お酒を飲みすぎれば肝臓を悪くし、アルコール中毒にもなるが、適量であれば健康の脅威にはならない。

食品関係にはそのような極論が多いですね。

食品添加物、遺伝子組換え食品、放射線滅菌、牛海綿状脳症（ＢＳＥ）対策での牛肉輸入禁止措置などたくさんあるね。検討の場に極端な意見が出てくる。使用はダメ、輸入もダメ、禁止しろとね。そして、どちらかと言えばそういう意見に引きずられている。もちろん安全を守るのは大事だ。でも何にでもリスクはある。客観的な事実に基づき、科学的な知見を活かす。そうして、そういうリスクを抑えコントロールする。

リスクが低ければ低いほど良いとは思うのですが。

それはそうだが、リスクのほとんどないところに大量のお金と人手を投入する。もともと低いリスク。どれぐらい下げられるかわからないぐらいの効果しかない。それなら他のリスクの大きいことに対策する方が、社会としてははるかに有益だ。

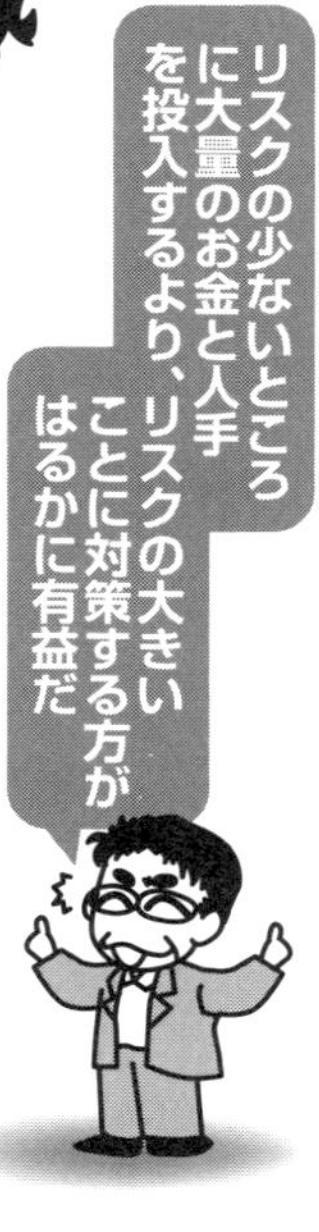
リスクの少ないところに大量のお金と人手を投入するより、リスクの大きいことに対策する方がはるかに有益だ

バランス感覚ですね。アメリカの風刺マンガで、ビールを飲みながら高速道路を運転している人が、おつまみに食べているポテトチップスの添加物を気にしているというのを見ました。

ははは、そうだよね。食品添加物を気にして、食事の塩分や油の量を気にする人が増えている。そういう人は外食をしてはいけないよね。何が入っているかわからないし。

それは先生のご家庭のことですか？　でも外食もたまには良いんじゃないですか。先生のおっしゃるリスクがコントロールできれば。

ギクッ。それはそうと、原理主義的な主張に同調する怪しげな専門家がいる。政治家、コメンテータにも科学的な事実を無視してアピールをする人がいる。危ない危ないと言っていれば国民を守るように見

えるからね。あと外国のうさん臭い情報や外国の人を引用することも特徴的だね。

外国の人だと、何となく信頼があるように思えますから。

それは完全なマチガイ。科学技術は一朝一夕にできるものではない。分野にもよるが、日本より進んでいる国はそうたくさんはない。

公的な機関も同じですか。

原子力だと国際原子力機関（ＩＡＥＡ）がある。ここから日本に専門家集団が来ると、マスコミはまるで神が来たように大騒ぎする。うさん臭い人がいるわけではないが、分野によってはシロウト同然の人がたくさん混じっている。日本の専門家の方が信頼できる場合が多い。

そうなんですか。日本の欧米崇拝は根強いですね。

オウベイかっ。

古過ぎます。

社会はいろいろな課題に面している。課題を克服し、文明を進め、福祉社会を維持していくためには科学技術が大事だ。そして技術開発を行い、社会が意思決定するときには客観的な事実に基づいて判断していく。だから社会として理科離れを危惧するべきだし、人の育成を怠ってはいけない。ところが現実には、大声やヒステリックな非難が飛び交い、専門家は発言を控えざるを得ない構図になっている。専門家が説明すると、わからないのは説明が悪いからだと、また怒られる。政治家も問題だ。科学技術は万能ではないよ、オレはわかってるから、と科学技術を否定するようなポーズを取る。

やっていることが真逆ですね。

今のままでは科学技術を志す人は減っていくだろうね。

理科系の友人がこぼしてます。勉強が忙しくて、アルバイトやサークルもあまりできない。でも明るい未来があるわけじゃないと。

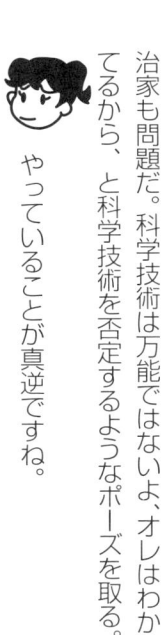

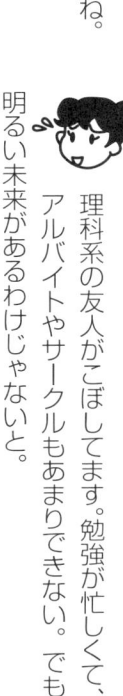

読者の皆様
あけましておめでとう
ございます

第19回 シグナリングゲーム

新年早々ですが、食品偽装のニュース、ご覧になりましたか。ホテルのレストランやデパートのお惣菜屋さんが食材をごまかしていたなんてショックです。

まあ。そうカリカリすることもないよ。昔からたくさんある話だし。やらせ番組が発覚したばかりの放送局に言われてもねえ。

やらせって番組偽装ですね。

最後にやれば良かったのに。ブラックタイガーで車海老を演出する調理の天才が勝つか、それともどんなにうまく調理しても食材を当てる味覚の天才が勝つか。ホコとタテの勝負だぁ。

先生、はしゃぎ過ぎですよ。それより、たくさんあるってどういうことですか。

シグナリングゲームだね。何かについての情報をシグナルとして送る。そしてシグナルを受け取った相手に、自分が希望するような行動を行わせるようにする。そのために送る情報を選別したり加工したりする。食材偽装と番組偽装はウソまで踏み込んじゃったからアウトだけど、大なり小なりどこにでもある。

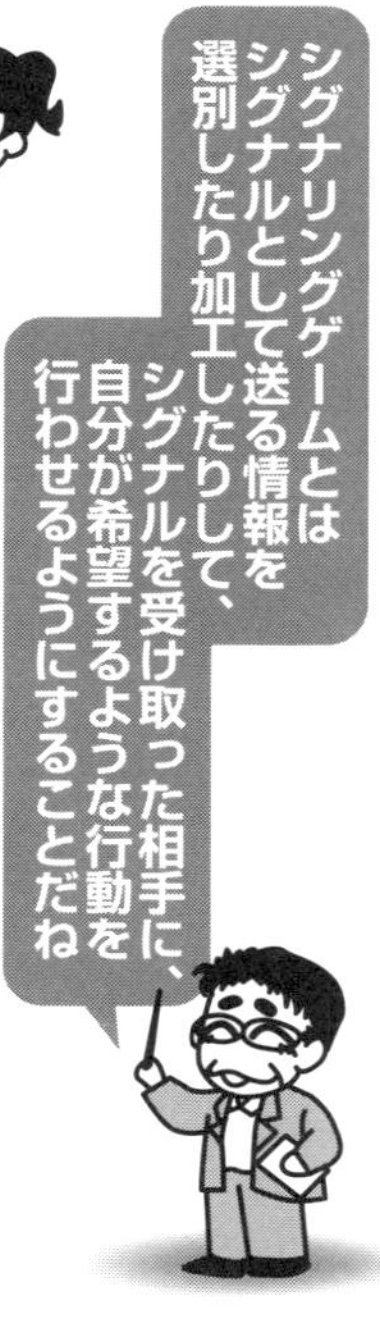
シグナリングゲームとはシグナルとして送る情報を選別したり加工したりして、
シグナルを受け取った相手に、自分が希望するような行動を行わせるようにすることだね

真実じゃない情報を流すのがですか。

いや。そう大げさなことではないけどね。たとえば予備校は、〇〇大学に△△人合格と発表す

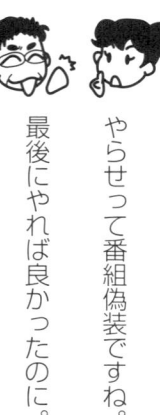

る。壁に貼りチラシにも載せる。本当は不合格者数も大事。判断のためには合格者数と不合格者数の両方が必要だ。でも不合格者数は絶対に発表しない。必要な情報の一部分だけをシグナルとして流して、学生や親が良い予備校だと評価するよう誘導する。食材偽装も同じ。車海老だ、九条ネギだとシグナルを送る。そしてシグナルの受け手であるお客さんが食べるよう誘導する。

なるほど。そういうことなら就職活動も同じです。エントリーシートの自己PRです。アピールすることばかり書きます。講義によく遅刻する、レポートは友達まかせ、酒癖が悪い、こんなことは当然書きません。もちろん私のことではないですよ。

ハハハ。企業も同じだからオアイコだよ。パンフレットには、元気な職場で楽しく活躍とは書いてあっても、残業が多い、独身寮が古くて狭い、職場はコストカットの嵐、こういうことは書いてない。

コマーシャルも全部そうですね。テレビCM、新聞広告、電車の吊り広告など。当然ですが、シグナルとして消費者に送る情報は優れたところ、アピールするポイントばかりになりますね。

買ってもらうのが目的だからね。わざわざ気になるところや悪いことは言わない。この薬にはこういう副作用がある、この服は安いけれど縫製が雑だとかね。コマーシャルだけでなくマスコミ本体の方も同じだ。シグナリングゲームを行っている。

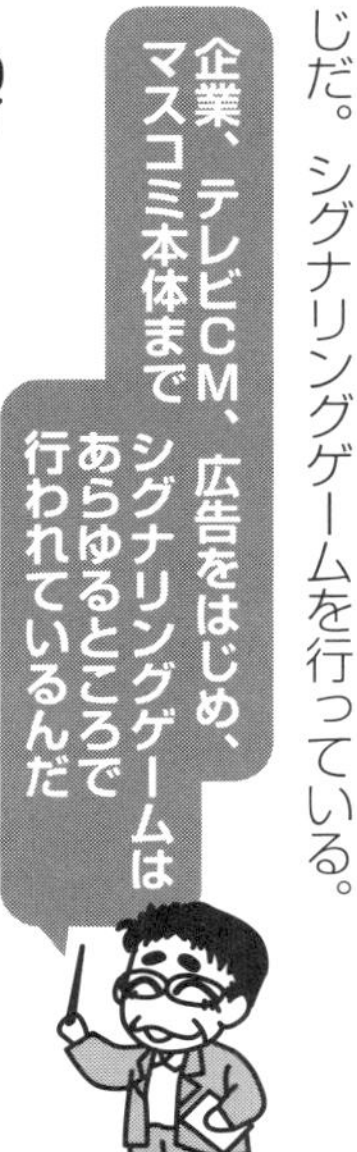
企業、テレビCM、広告をはじめ、
マスコミ本体まで
シグナリングゲームは
あらゆるところで
行われているんだ

ニュースがですか。さすがにニュースはまずいのではないですか。真実すべてを伝えないと。

もちろんウソを伝えるわけではない。でも情報の選別や誇張が行われる。意識的ではないにせよ、これによって読者の意見や行動を誘導しようとしている。

ニュースを選んだり、強弱が付けられたりするのですね。

まず自社の不祥事に関することは基本的に報道

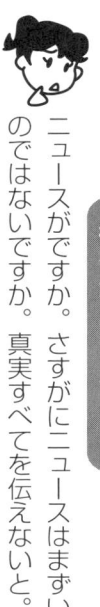

しない。説明責任もほとんど果たさない。同業他社も回りまわって自分の番になることもあるから、あまり追及をしない。

自分の汚点を黙っていたい。気持ちはわかりますが、報道としてはダメですね。まず自分を律しないと。

反韓デモや大手芸能事務所のタレントのトラブルもスルーされることが多いね。エネルギーだと、自然エネルギーは良く報道される。一方で、原子力は悪い面を強調して報道される。誇張もされる。トラブルがあると尾ひれをつけて仰々しく報道されるのに、本当に大事な安全の基準や海外での評価はやはりスルーされることが多い。悪く書いておけば間違いがないし、記者に専門知識がないので理解できないこともあるのだろうね。

国民の知識が偏ると、正しい判断ができなくなりませんか。

そう。エネルギーでも何でも、客観的な情報と科学的な事実に基づいて判断しなければならない。どのようなことにも良い点もあれば悪い点もある。そういうことを洗いざらい伝え、理解した上で議論し、意思決定につなげていく。ところが専門家もやっぱりシグナリングゲームをする。

専門家の方が誘導するのですか。

自分の専門とする分野が重要だと評価して欲しい。研究の必要性を認めてもらいたいし、研究予算もたくさんあると良い。それで、たとえば地震予知や核融合について、実際の科学技術のレベルや見通しとはかけ離れた話がマスコミや予算当局に伝えられる。誇張してね。悪意まではないにしても。

実現性はほとんどないのに、ということですね。

今のはエネカさんの発言です。

先生、ズルい。でも、マスコミや専門家までシグナリングゲームということなら、私たちはどうすれば良いのでしょうか。

情報リテラシーだ。リテラシー。もともとは読

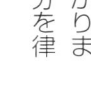

み書き能力という言葉だけど、今は取扱いとか受け取り方などのもっと広い意味で使われる。ある情報があったとき、その情報の由来、意味していること、裏で伝えられない情報は何か、事実とはどういう関係か、こういうことを考えることが大切だ。昔からの知恵にもある。話半分に聞いとけ、それは眉ツバだね、とか。

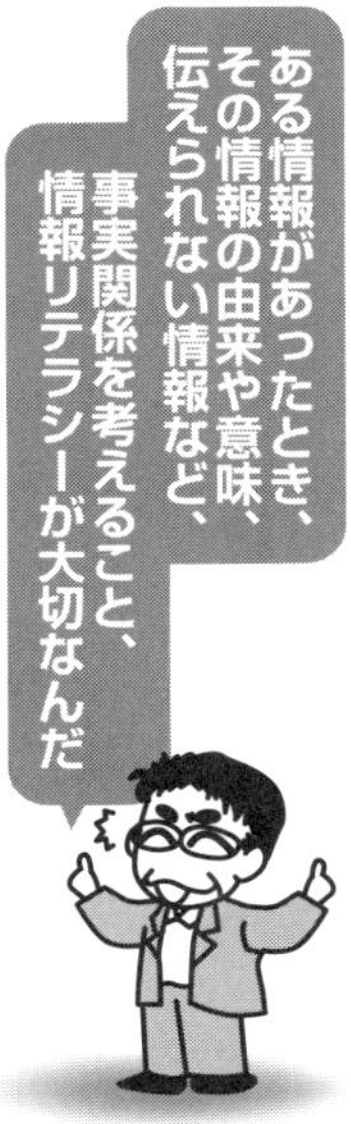
ある情報があったとき、
その情報の由来や意味、
伝えられない情報など、
事実関係を考えること、
情報リテラシーが大切なんだ

マスコミや専門家の話も適切に割り引くことですね。

そう。警察の捜査と同じ。事実や証拠を重視する。伝わってくる意見、偏見、誇張した話、イデオロギーまみれの話はそれなりに割り引いて受け取る。そしてクリチカルに考える。クリチカルとは批判的という意味だけど、悪く取るということではない。そのまま受け取らず良く意味を考えるということ。懐疑的にね。まあ、シグナリングゲームということを知っておくだけでもずいぶん違うと思う。それともうひとつ。特に気をつけなきゃいけないのが、科学や事実を装ったニセモノだ。

ニセ科学ですか。

科学にわからないことがあるのは事実だ。でも科学で否定されないからといって、バカげたことを信じさせるのは誤っている。テレビは反省すべきだ。視聴率さえ取れれば良いという態度を。オカルト、UFO、今ではスピリチュアルと名前を変え、品を変えて若い世代にニセ科学を塗り込んでいる。脳の話もオカルトすれすれだし、カルト宗教に近いものも多い。

子どもへの悪影響という点では、おちゃらけ番組よりひどいです。

お金もうけだけのニセ科学商売やインチキ療法の誘惑に負けないようにね。ニセ専門家もウヨウヨいる。情報を判断すること。クリチカルに考えること。情報が多くなると、考えることを忘れがちになるからね。パスカルの言葉。やっぱり人間は…

考える葦ですね。

先生はゴルフをされますか？
いや…ゴルフがどうかしたの？

第20回
平均への回帰

私は始めてから二年ほどです。最初はどんどん上達しました。でも最近は、練習に行って調子が良い、上達したなと思う日があるのですが、次に行くとぜんぜんダメってことを繰り返しています。

たいていのことはその繰り返しだよね。平均への回帰。

回帰？　平均に戻るということですか。

そう。何にでもバラツキがある。平均があってその回りにバラついている。たまには平均から外れたこと、極端なことが起こる。でも極端なことが続けて起こる確率は低いから、次には極端ではないこと、平均に近いことが起こる可能性が高い。

平均への回帰とは、極端なことが起こっても
次には平均に近いことが起こる可能性が高いということだよ

それで平均に戻るように見えるということですね。

有名な例がある。叱責や体罰によって成績が伸びるという誤解だ。成績の良い人を褒める。しかし、その人は次には成績が落ちる確率が高い。褒めたのは間違いだったということになる。

わかりましたよ。反対に、成績の悪い人を叱る。次には成績が良くなる可能性が高い。確率的にですが。そうすると叱ったので成績が上がったように思ってしまう。

サイコロだとわかりやすい。大きい目を出すことが目標だとしよう。学生を集めてサイコロを

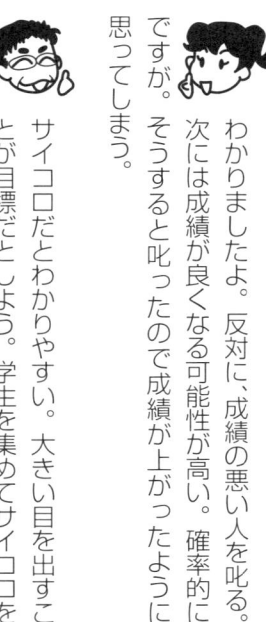

振らせる。一の目を出した学生は成績不良だ。だから体罰を加える。その学生がもう一回サイコロを振ると六分の五の確率で二より大きい目がでる。ああ、体罰の効果があった。成績が改善した。指導者のオレ、すごくない？

スポーツ界で体罰がなくならないわけですね。

もともとは、ダーウィンの従弟のゴルトンという人が言い出したことだ。背の高い人の家系を調べた結果、背の高い親の子は平均よりは背が高いが、親ほどは高くない傾向があった。そこからゴルトンは、極端なことは確率的には平均に向かう、平均へ回帰すると考えた。

身長には遺伝的な要因もありますが、平均回りのバラツキでもあるということですか。

そうだね。背の高い人からもっと高い子どもが生まれることもあれば、背の低い子どもが生まれることもある。しかし、確率的には平均へ向かう。背の高い家系の人がどんどん高くなっていくわけではない。平均に回帰しながら、そこは確率だから、高くなったり低くなったりしてバラつく。

極端なことがあると、それには極端ではないことがくっついてくる。なるほど。

世襲制の問題点がここにある。ある人が、並みはずれた能力をもつことは起こるだろう。しかし、世襲していくと平均への回帰となる。たくさんの子供をつくって、その中の優れた者だけに継承していくなら別だけどね。

そうもいかないです。少子化ですから。

宝塚歌劇団や劇団四季のように、世襲ではなくて、能力ある人が集まって切磋琢磨していくことが大事だ。世襲だと平均的な人が受け継いでいく確率が高い。たとえば…

先生、この話は止めましょう。私が損な発言をする役になりそうですから。

へへ。平均への回帰の落とし穴は、単に確率的

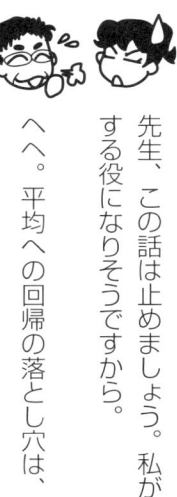

に起こっていることなのに、因果関係があると思ってしまうことだ。体罰の例がそうだね。体罰によって成績が上がったように思ってしまう。占いや霊感商法も同じ。不遇な状態の人が占いに頼ったり霊感商法に出会ったりすることが多い。不遇という極端な状態は自然に解消されていく可能性が高い。でも占いや霊感の結果として改善したように思ってしまう。

そういうことに付け込むなんて…ひどいです。

バラツキを考えることが大事だ。なんにでもバラツキがある。イチロー選手はヒットを打つ確率が高い。でも、いつもヒットを打てるわけではない。やっぱり凡打することもたくさんある。

おこがましいですが、私のゴルフも同じということですね。

ハハハ。お笑い芸人も同じ。上手な漫才コンビがいる。とても面白い。でも中にすごく面白いネタもあるが、実はそれほど面白くないネタもある。バラツキがある。

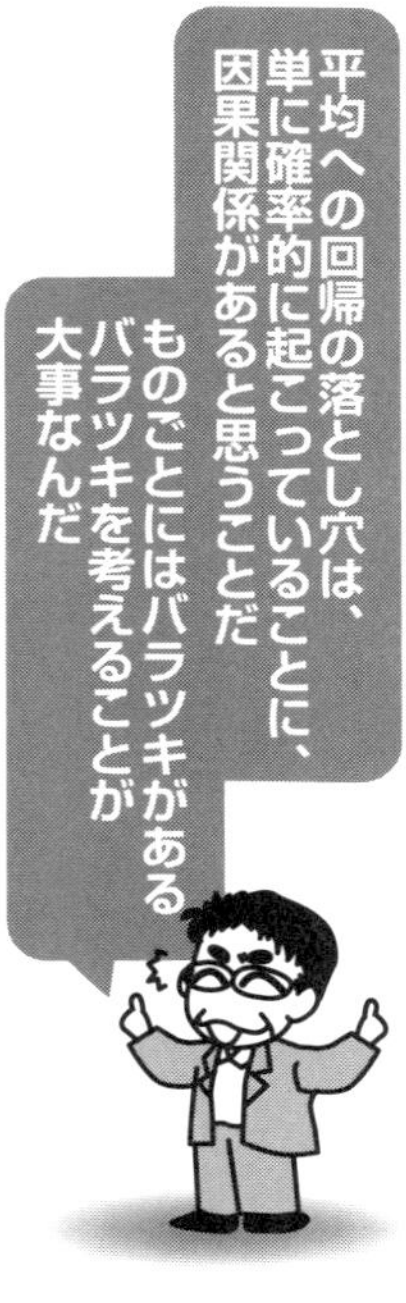
平均への回帰の落とし穴は、単に確率的に起こっていることに、因果関係があると思うことだ
ものごとにはバラツキがあるバラツキを考えることが大事なんだ

逆に、平均すると面白くなくても一発芸だけで生き延びている芸人さんもいますね。

そうそう。問題は、われわれが評価できないもの、評価する基準がないものがたくさんあること。野球の成績や芸人さんの面白さははっきりしている。われわれが評価できるし、誰にでもわかるだろう。ところが、たとえば絵画。ピカソは天才だろう。平均すると高いレベルの素晴らしい絵画を残している。しかし、傑作もあれば、それほどではないものもあるはずだ。でも評価する軸がないし、評価できない。評論家や専門家でも評価できないだろう。だからピカソだと何から何まで素晴らしいことになってしまう。あげくには幼少期のなぐり書きまで展示される。

神格化ですね。

ヨーロッパの田舎の納屋から絵が発見される。フェルメールが描いたようだが、そうでないかも知れない。もしフェルメールなら何十億円、そうでないなら額縁代ということになる。同じ絵なのにね。

小説や音楽も似ていませんか。小説家にも良い小説もあれば駄作に近いものもあるはずです。音楽も同じですね。もちろん好みもありますが、同じアーティストが良い作品を出したり、それほどでもないものをつくったりするのでしょうね。

そう。だけど評価軸が難しい。ほとんどの人は、読み比べるほどたくさんの小説を読むわけではない。音楽には聞いてなじむと良く思えてくる性質がある。だから、人気の小説家の本は出すだけで売れる。アイドルグループのCDだけが飛ぶように売れる。駄作だろうが、クオリティが低かろうが関係ない。

今のは先生の発言です。

ムムム。大切なのはバラツキがあるということ。そして確率的なことを因果関係と誤解しやすいことだ。日常生活でも報道でも研究でも気をつける必要がある。科学的な考え方やものの見方を理解しておくことが大切。

さて、エネルギーについてはいかがでしょうか。

ツッコミが厳しいね。バラツキということで、デモはどう。

エネルギーでは反原発デモが話題になりましたが。

他にも、反秘密保護法案デモや反韓デモがある。こういうデモは人々の意見のバラツキの極端なところを代表している。もちろん民主社会で認められている権利で、信条を主張するのは自由だ。そして、どのようなデモも同じ。同じ構造をしている。ところがマスコミは勝手に色付けをする。反韓デモは無法者が民主社会に挑戦している、反原発や反秘密保護法案は良識ある者が無知な国民に訴えている。まったくそんなことはない。すべてはバラツキのある中での極端な意見の表明であり、それ以上でも以下でもない。

何はともあれ、騒音や怒声は止めてほしいですね。

第21回 自信過剰

なるほど。彼を知らない読者もおられるかもね。日本画の流派の末裔ではなく、ナルシストを売りにしている芸人さん。

ラーメン、つけメン、ぼくイケメンの人です。自信過剰って、うぬぼれ屋さんってことですね。

うぬぼれ屋ということだけではないよ。自信過剰は誰にでもある性質。自分の能力やパフォーマンスを実際よりも過大評価してしまう。もっている情報を実際よりも正しいと思ってしまう。車を運転する人の多くは、自分の運転技術は平均より上だと思っているそうだ。同じように、多くの人は自分の料理の腕前は平均よりも上だと思っている。

先生、女性を敵に回しますよ。たしかに、みんなが平均より上というのはありえませんね。平均の意味がなくなります。

自分は他の人より良い買い物をする。安くて良いお店を知っている。実はみんな思っている。インターネットをする人は、自分は他の人よりも面白いサイトを知っている、効率的に情報を集めていると思っている。多くの人がね。

う～ん。口惜しいけど、当たっているような気がします。

悪いことではないよ。自信過剰イコール積極的、楽観的、前向きということでもあるから。勉強でもスポーツでも仕事でも、自信をもって取り組む、高い目標を立てる、そして決意する。こういうことが良い成績や成果につながる。

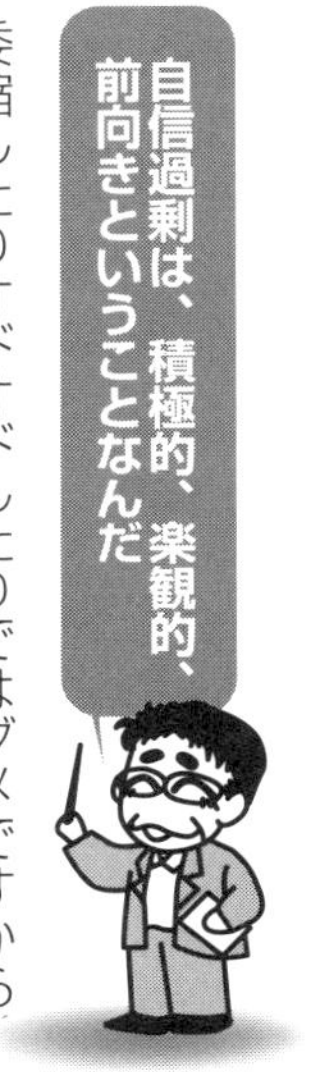
自信過剰は、積極的、楽観的、
前向きということなんだ

委縮したりオドオドしたりではダメですからメンタル面で負けてしまいます。スポーツは特にそうです。格闘技でも団体競技でも、相手が自分より強いと思い込んでいたら、勝てる相手にも勝てないでしょう。

自信過剰は、人類が長い進化の過程で獲得してきた性質といわれている。アフリカの猿人以降、数百万年に及ぶ人類の歴史だ。敵を倒し食糧を確保しパートナーを得る。生き延びて子孫を残す。このためには自信過剰の方がはるかに良い。怯えていてはダメだった。リスクを冒さなければ生きられなかったからね。そうして自信過剰の遺伝子が脈々と受け継がれてきた。

現代につながっていますね。自信過剰気味で堂々としている方が、正しい意見を言っているように見えます。特に議論やプレゼンで大事です。不安そうにボソボソと診断をくだすお医者さんがいたら泣きたくなります。そして、女性には引っ込み思案より積極的にアタックした方が良い結果になるでしょうね。

フムフム。

フムフムじゃないです！

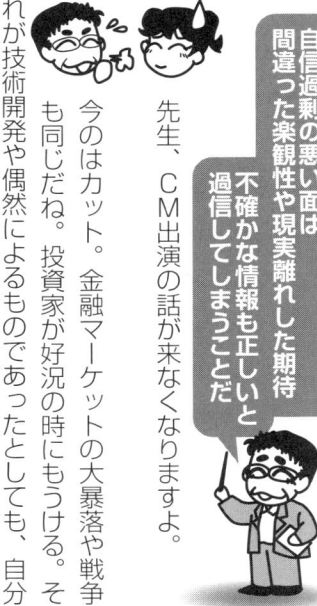

でも悪い面もあるよ。自信過剰は、間違った楽観性や現実離れした期待につながる。そして、不確かな情報を正しいと思い込んでしまうことにもなる。まずはギャンブルだ。もうかると、自分には能力があると思ってしまう。能力のせいでもうかった。そして自信過剰になって止まらなくなる。起業家も似ている。たまたまの事業の成功が自信過剰につながる。ワンマンになり、あげくには国の政策についても自分が正しい判断ができるように思ってしまう。

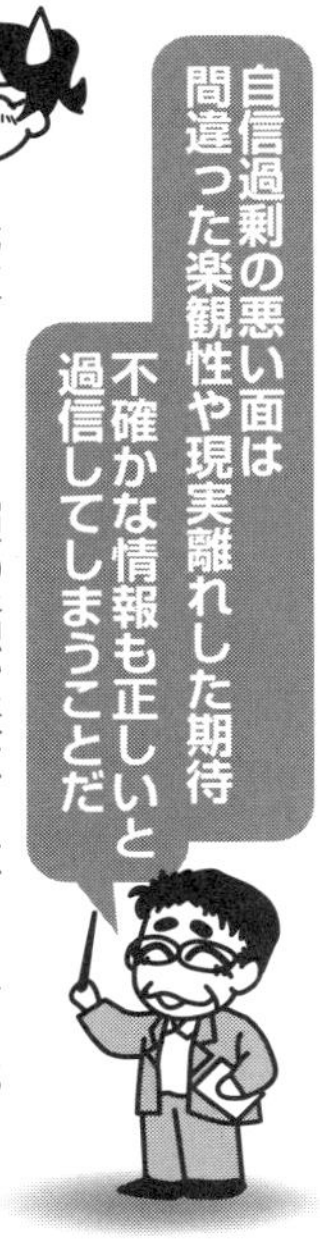
自信過剰の悪い面は
間違った楽観性や現実離れした期待
不確かな情報も正しいと
過信してしまうことだ

先生、CM出演の話が来なくなりますよ。

今のはカット。金融マーケットの大暴落や戦争も同じだね。投資家が好況の時にもうける。それが技術開発や偶然によるものであったとしても、自分

の能力のためだと思う。そして過剰な自信と際限のない欲望が、無理な投資や投資の引き上げを通して、金融不安から大暴落を引き起こす。自国の戦力に対する過大な自信、独善的な情報、リスクを超えられるという思い込みが、相手に勝てるという自信となり戦争につながる。

お互いに勝てると思ってしまうから戦争になるのですね。孫子の兵法には、敵を知り己を知れば百戦危うからず、とあります。

そう。お互いの戦力を正しく知ることが重要。そして負け戦は何としても避けるべきだと書いてある。プロレスラーに殴りかかる人はまずいない。家庭内でも同じだ。

ここはスルーしますね。

どう考えればそうなるのかわからないが、軍備は不要、国家間で争いごとが起これば話し合えばわかるという政党がある。戦わないため、平和のための軍備という考えが理解できないんだろうね。

話し合えば済むという自信過剰は、実は戦争に至る自信過剰、第二次大戦に至った自信過剰と同じではありませんか。

その通り。同じ政党が、北朝鮮が認めるまでは日本人拉致なんか作りごとと言っていたし、今は、脱原発、自然エネルギーで何とかなると主張している。どこからそういった自信が来るのかまったくわからないね。

脱原発に転じた元首相もおられますが…

それではエネルギーはどうするのですか、と問われて、頭の良い人が何とかしてくれると答えられた。自信過剰を通り越して脳天気だ。外国で行われた実験がある。幼稚園の子供を、磁石を使った魚釣りゲームで競わせる。商品はキャンディー。子供に別室にいる知らない相手に勝てるかと聞くと、八〇%の子どもが勝てると答えたそうだ。

元首相と幼稚園児を比べるのは申し訳ないですね。

誰かが何とかしてくれるという元首相、知らない相手に勝てると思う幼稚園児、イケメンだと主張する狩野英孝さん。同じように思うけどね。やっぱり過去の栄光から、自分の判断や持っている情報を過信するんだね。判断の根拠を聞くと不安になる。人間は、自分の意見や状況についての認識の正確さを過大評価してしまう。最初の思い込みをなかなか修正できない。だから常に、判断の基になっている知識や仮定が適切かどうかを問いかける必要がある。ギャンブルでもそうだし、脱原発でも原子力推進でも同じだ。過去の成功を過信することなく、多様な視点を求め、さらなる情報を取り入れて判断していくことが大切だ。

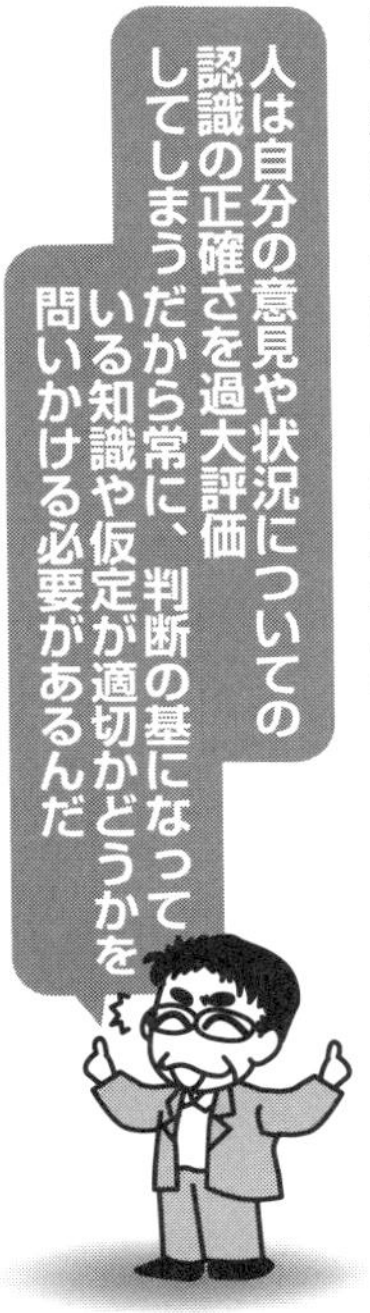
人は自分の意見や状況についての
認識の正確さを過大評価
してしまう　だから常に、判断の基になって
いる知識や仮定が適切かどうかを
問いかける必要があるんだ

自信過剰が良い場合もあるけれども、石橋をたたいて渡ることが必要な場合もあるということで良いでしょうか。

そう。使い分ける必要がある。何とかなるさで済む場合と、そうでない場合がある。エネルギーはもちろん後者だ。無くなりました、では済まない。いろいろな方策を検討する。そして最善を希望し、最悪に備える。進化で身に着けた自信過剰という特性を、社会の発展や状況変化に柔軟に合わせなければならない。同じように、人間は高カロリーの食べ物を求める特性を進化で獲得してきた。いつ次の食糧が手に入るかわからない中で、カロリーを蓄える必要があった。でも今の先進国では、食事はカロリーにあふれている。いかに低カロリーにするか、食事コントロールをするかが社会的な課題になっている。

コンビニのお弁当にも何カロリーと表示されています。先生もじっくりチェックしておられますね。では最後に、先生はご自身の講義を大学の中でどの程度だと考えておられますか。

すばらしい先生がたくさんいて良い講義をされているから、ぼくの講義なんて平均以下だね。はるかに。

ウソはいけませんよ。ウソは。

音楽のゴーストライターが話題になりましたね
佐村ゴチさんだね

第22回 ヒットの法則

ゴチじゃありません。河内、ゴウチです。

でも曲をゴチしたんだよね。

それはそうですけど…

関連して、高名な音楽家がテレビで言ってた。何はともあれ、あの曲は音楽としては素晴らしいものだ。知らなかった演奏家に非はないと。

仕方ないですよ。別人が作曲したなんてわかりませんから。

マーケティングの神髄だね。被爆二世、聴覚が無くなる、絶対音感を頼りに書いた曲、それが交響曲HIROSHIMA。もう非の打ちどころがない。

長髪でサングラスという風貌も神秘的ではあります。

高名な音楽家は誤解をしている。良い音楽がある。絶対的な価値がある。誰が書こうが良い曲は良い。認められるはずだし、認められるべきだ。こういう考え方は完全に間違っている。そんな風に世の中は回っていない。

絶対的なものはないということですか。

そう。人間の判断や選択はとても相対的だ。そのものから何が連想されるか、それを支持することで自分がどう見られるか、趣味が良いのかそうでないか、賢く見られるかどうか。こういうことをすべて含めて人間は判断し選択をする。

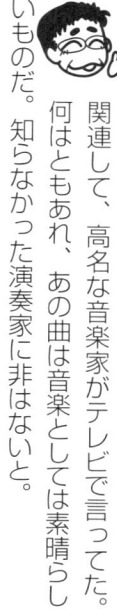

人間の判断や選択は絶対的ではなく、とても相対的なんだ

そうすると、交響曲HIROSHIMAはもうネタになってしまったということでしょうか。CDを買い求める人がいらっしゃったようですけど。

（笑）になっちゃった。もう誰も演奏しないだろう。CDもネタだろうね。同じ理屈で、どんなに名画を精巧に模写しても贋作に価値はない。

なんでも鑑定団というテレビ番組があります。名匠のつくったらしい壺を専門家が鑑定します。本物だと一〇〇〇万円。贋作だと一万円。誰の作品かだけが問題で、見た目や機能は関係ないようです。

また、人間の知覚や感覚はとても相対的だ。料理やワインは、専門家といえども素晴らしいものを味わえる絶対的な味覚があるわけではない。雰囲気、お皿やワイングラス、値段などで簡単に評価が変わってしまう。

やはりテレビで、お正月に放送される芸能人格付けという番組があります。高級品とそうでないものを当てるブラインドテストです。ふたつのお肉を味わったり、ふたつの楽器の音を聞いたりして、どちらが高級品か当てる。芸能人の人が簡単にだまされます。

一般の人がやっても同じだよ。当たるも八卦、当たらぬも八卦。当然だね。知覚がいい加減のように思えるが、人間はいろいろなことを合わせて観賞する。

そうですね。

多くの人は誤解している。良いものは良い。良いものは売れる。良いものが社会に出ると、高い評価を受ける。それがクチコミなどで評判が広がり、たくさん支持を得てヒットにつながるんだと。

そう思っていましたが、違うのですか。

研究室の学生がオリコンのヒットチャートを使ってJ-POPのCDの売れ方を調べた。もし良いものが発売され、聞いた人が良いと思い、リクエストが増えてテレビやラジオで紹介され…というように

売れるのなら、売り上げは時間とともに増えていき、やがて購買層に行き渡って終わるはずだ。ところが、こんな売れ方をする曲はほとんどなかった。

どんな売れ方なのですか。

発売日にド～ンと売れる。その後売り上げは右下がり。しばらく経つと、誰も見向きもしなくなる。固定ファンがいる場合だね。発売されると何でも買う。アイドルグループのCDはすべてこういう売れ方をする。他のCDもほとんどが同じだ。最初にド～ンと売れるだけ。もちろん例外もある。じわじわ売れていくものだ。最近では「女々しくて」、「キセキ」、「トイレの神様」などだった。

面白～い。曲が良いとか、共感を得て広がるとかではないんですね。それなら、小説や映画も同じではないですか。特定の作家の本は発売日に行列ができる。もちろん誰も読んでないから、作品が良いかどうかもわからない。

そう。映画だとCMと話題づくり。映画評論家は何でも褒めるから信用されてない。最近のCMは、試写会を観た一般人が興奮して紹介するパターンが多い。CMにたくさんお金をかけると、CMのおかげで興行収入が増えて元が取れるというデータもある。あとは何とか映画祭の賞を受賞したとかね。

権威に弱いですから。

だから、エネルギーや原子力の一般の方への説明も良く考える必要がある。良いものが売れるわけではない。正しいことが社会で広がっていき、だんだん理解が深まっていくわけではないということをね。

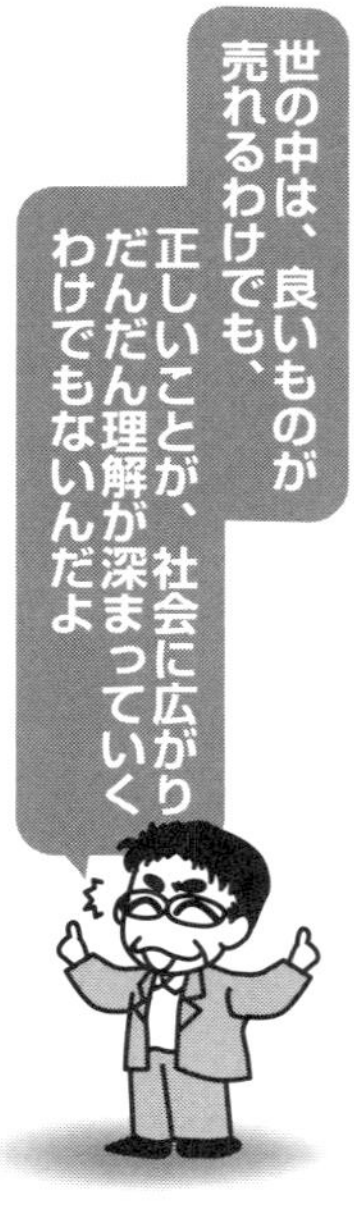

たしかに理屈では、何にでもリスクがある、リスクとベネフィットを比べて、ということでしょうが、人間の判断はそれだけではないということですね。

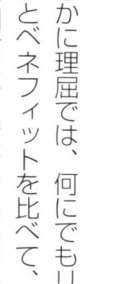

そうなんだ。最近はリスクコミュニケーションがはやっている。専門家はリスクを丁寧に説明する。一般の人は納得できるまで議論を深める。理屈ではその通りだが、現実にそんなことが起こるとは思えない。

難しいところです。

有名な実験がある。アフリカの子どもの飢餓に寄付を募る実験だ。資料を三種類用意する。被験者にいずれかの資料を見せ、集まる寄付の額を比べた。一番の資料は痩せこけたひとりの少女の写真だ。二番はアフリカで何人の子どもが飢餓に瀕しているかを示した詳しいデータ。三番は少女の写真と飢餓のデータを両方載せたもの。さあ、どれがたくさん寄付を集めたでしょうか。

三番。写真とデータ両方の場合ではないですか。

残念。一番が最も寄付が多かった。ひとりの少女の写真だ。データを付けると寄付額は下がり、データだけにすると最も寄付は少なかった。

なるほど。感情に訴える方が良い。データ、つまり理屈で人は動かないという結果ですか。

そう。人間の判断や選択は、思いのほか無意識、感情、直感で行われることが多い。これを知っておく必要がある。同時にこれは、現代社会が抱える深刻な問題でもある。どんな映画を見るか、どのCDを買うか、どこで何を食べるか。直感に支配されるし、それはそれで良い。しかし、エネルギーや地球温暖化、医療、福祉、教育などは、人類がこれまで経験したことのない複雑な課題となっている。リスクとベネフィット、受益と負担、相互関係などとても複雑に絡み合っている。普通ではお目にかからない数字や専門用語も出てくる。直感を超えてどう判断していくか、難しい課題だ。

わたしたちの社会がどうクリアしていくか。チャレンジです。

そうだね。今日はエネカさんが意外にテレビっ子というのがわかったのが収穫だったよ。

先生の影響です。もう。

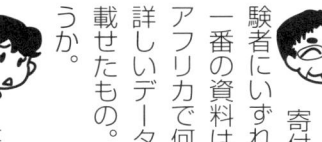

先生は何かエクササイズしておられますか
ジョーバを少し

第23回 モラルサーモスタット

すご～い。乗馬なんて。

ジョーバマシンだけどね。

あ、そうですか。わたしの父は、最近ランニングを始めたのは良いのですが、ランニングの後でビールをたくさん飲むんです。

一種のモラルサーモスタットだね。

エッ。サーモスタットって温度調節器のことですか。温度が上がると自動でスイッチが切れる。温度が下がるとスイッチが入る。それで温度が一定に保たれるものですね。

そう。ランニングにより健康面でプラス。だからビールでマイナスになっても良い。自動調節だね。この自動調節がモラルでも起こる。モラル的に良いことをしたと思う人は、その後でモラル的に劣ることをする傾向があるそうだ。

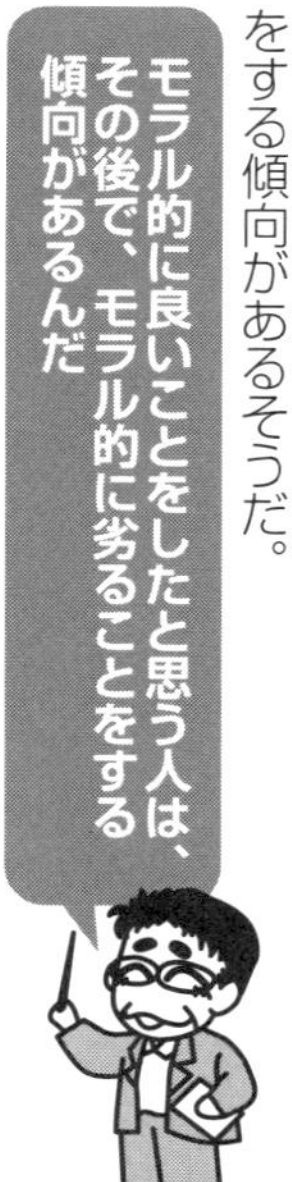
モラル的に良いことをしたと思う人は、その後で、モラル的に劣ることをする傾向があるんだ

逆ではないですか。モラルの高い人は良い行動をするはずです。

もちろん人によってモラルの高い低いはある。でも、自分が良い人だ、良い行動をしたと思うと、それはモラルの低い行動につながりやすいとのことだ。環境に良いことをしなくなったり、チャリティに寄付する額が減ったりする。

プラスのモラルがマイナスを引き起こすのですか。

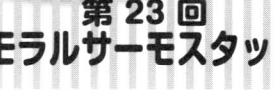

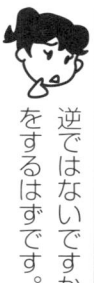

アメリカで、数十人の学生をグループに分けて実験が行われた。ひとつのグループには「親切」、「優しい」、「思いやりがある」というポジティブな単語を与える。もうひとつのグループには「忠実でない」、「欲張り」、「利己的」というネガティブな単語を与える。学生は自分に与えられた単語をすべて使って、自分自身についてのストーリーをつくる。

ネガティブなグループになったら嫌ですね。自分の嫌なところを絞り出す。

実験だから、そこは割り切ってね。ストーリーをつくったあとで、学生は自分の意思で少額の寄付をする機会を与えられる。寄付の額は自分で決める。学生には知らされていないけれど、実はこの寄付が本当の実験だった。両方のグループで寄付額の違いをくらべた。そうしたら、ネガティブな単語を使った学生の寄付額は、ポジティブな単語を使った学生の五倍という結果だった。

すごい違いですね。

ポジティブな単語を使った学生は、自分の良い点をあげる。自分が良い人でモラルに優れていると思うだろう。それで、それほど寄付しなくても良いと考える。ネガティブな単語を使うと、自分の悪いところを引き出してしまう。自分がダメな奴でモラルに劣るように思ってしまう。それでたくさん寄付をする。

へえ〜。自分が良い人だと思うと、利己的になりモラルの低い行動をする。逆に後ろめたいと、良い行動をする。なるほど。テレビの学園ドラマでは、不良が実は優しいという設定がステレオタイプです。あながち間違ってはいないかも知れません。

テレビのアナウンサーやキャスターが、え〜あの人が、という事件を起こすことがある。

温厚そうな方がタクシーを蹴る、痴漢行為を働くという事件ですね。有名人は報道されやすいこともあるのでしょうが。

マスコミには、自分たちは悪を正し、社会を良い方向に導いているという意識があるのだろうね。だから、普通に仕事をしているだけで自分はモラル

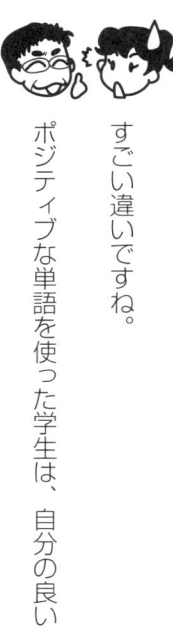

的にプラス。こう思うから、マイナスの行為をしがちと考えることもできそうだ。

そうだとすると、道徳や倫理を説く人、高潔そうな人には注意が必要ですね。あ、先生はだいじょうぶですよ。

環境問題で気を付けなければならない。いろいろなモラルがあるから。たとえば、エコカーに乗る。節電をする。それ自体は環境に良いことだ。でも、エコカーで高速道路をブッ飛ばす、大画面テレビを楽しむ、こういうことの免罪符にはならない。太陽光パネルを付ける、グリーン電力を購入する。だからと言って電気をジャンジャン使って良いわけではない。

自分が良い人だ、良い行動をしたという意識が問題ですね。マイナスを引き起こしやすくなる。

富士山への入山料。本格的に実施されたときに何が起こるか、興味深いよ。

そうですね。入山料を払ったからエコ活動に協力した。こういう意識からゴミを散らかす。帰りの電車で空き缶を放置する。こうならないといいです。

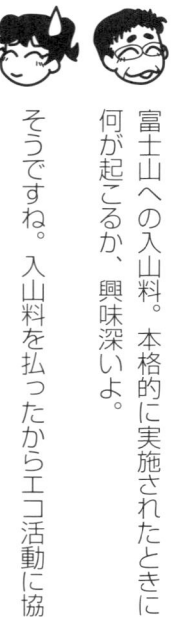

現代はモラルがとても発達した時代になっている。日常生活や行動のすみずみまで良い考え、良い行動が決まってくる。繰り返し刷り込まれる。みんなが、何が正しいか、何が良い行動かを知っている。そして良い行動をすると、モラルサーモスタットが働いてしまう。本来しなければならないことをやらなくなるかも知れない。

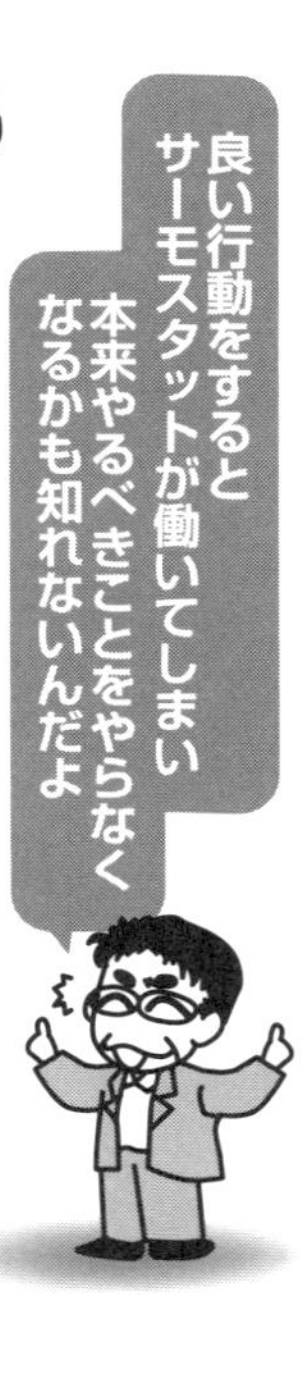

頭でっかちになるだけで、モラルに沿って振る舞うわけではないということですね。

まじめな研究で、モラルに精通しているはずの大学の倫理学の先生の行動を調べたアメリカの学者がいる。モラルのプロがどう振る舞うかをね。学生を装った電子メールにどう返事してくれるか、チャリティに寄付するか、ゴミをベンチに残したりドアをバタンと閉めたりしないか。こういうことを調べた。そして結果は…

フフフ。他の人より優れているということはなかった。こういうことでしょう？

その通り。これからの社会の課題のひとつは、モラルサーモスタットが働かないよう、モラルの自動調節が起こらないよう、制度や仕組みをどうデザインするかだ。

モラル、良心、良識に訴えるのは危ういということですね。

良い行動を習慣化する、モラルの標準レベルを上げる、自然な形でモラルに沿った行動ができるように誘導する。こういうことを考えなければならない。お父さんのランニングも単なる習慣になるといいね。

わかりました。きっちり指導します。

もうひとつは、モラル観が先鋭化していくことだ。モラルが自己増殖していく。求めるレベルが非現実的になり、犯罪もいとわなくなる。環境を標榜する国際団体が、犯罪に属することを行っているのは皆さんご存じだろう。ただし他人事でもない。イタズラ写真事件を覚えているね、去年の。

ああ。コンビニやレストランで、アルバイト学生が写真を撮ってネットに投稿したものですね。冷蔵庫に入った写真や食材をネタにした写真を。

そう。その後が酷い。当事者の実名や学校名の暴露、コンビニの契約解除、レストランの閉店などにつながった。でも、ほとんどは誰もが思いつく普通のイタズラだ。ちょっと清掃すれば、衛生上の問題があるわけでもない。ところが過剰反応の連鎖が起きる。コラッで済む話だという評論家も出てこない。

子どものイジメ問題と同じではないですか。面白がりながら止められなくなる。社会全体が加害者となっているように思います。

みんなで頭を冷やした方が良いね。

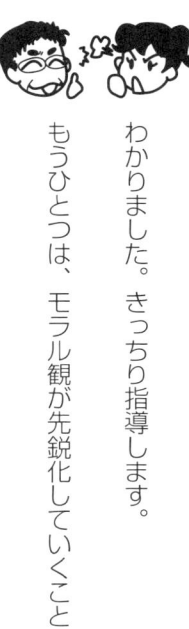

いよいよ第二四回
連載開始から
二年経ちました
連載を始めた頃は、
ボクの髪は真っ黒
だったのにね

第24回
冗長と縮退

二年前の写真、お持ちしましょうか。

あ、いや。ここまで続けてこられたのも読者各位のおかげだ。感謝を込めて握手会でも開こうか。本誌に握手券をつけてもらって。

アイドルみたいですね。でも、先生と握手したい方はおられないように思いますが。

ボクじゃないよ。エネカさん、キミだよ。キミの握手会。

あら…。ところで、今回のテーマの冗長と縮退。冗長はくだくだしいこと、縮退はちぢこまっていること。これで良いですか。

辞書的にはね。今回はいろいろなものの安全の話だ。どうやって安全を確保するか。冗長とは同じものをいくつも用意しておくこと。縮退とは同じ機能を果たす別のものを用意しておくこと。そして何かあっても問題ないように備える。

念には念を入れる考え方ですね。

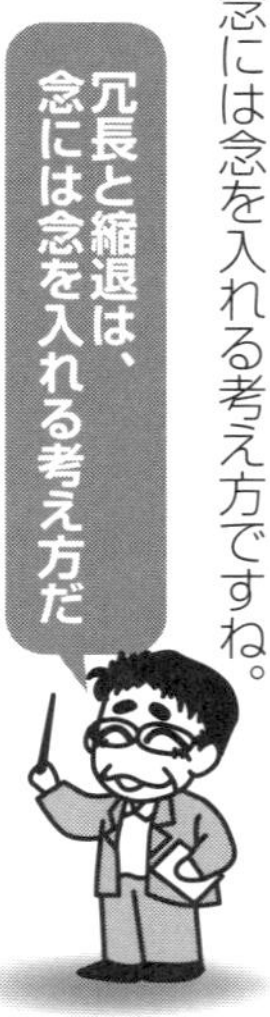
冗長と縮退は、
念には念を入れる考え方だ

そう。確実に、ということ。明日の朝、どうしても早起きしなきゃいけない。就職の面接がある。講義なら遅れて行っても良いけど、面接はそうはいかない。面接は大事だもんね。

先生、いじけていませんか。

心配だから目覚まし時計を二つ、三つとかける。

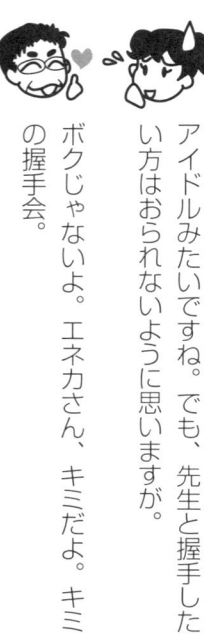

ひとつだと故障や電池切れがあるかもしれないから。これが冗長という考え方。同じものをいくつか用意しておけば、ひとつが壊れてもだいじょうぶだ。

では、縮退って何でしょうか。

縮重ともいって、重なっている状態を表している。同じ機能をもつ別の違うものを用意することだね。目覚まし時計をかけて、同時に遠くに住むお母さんに頼んでおく。朝何時に電話で起こしてねと。

なるほど。それなら確実に起きられそうです。

いろいろなところに冗長と縮退が使われている。玄関の鍵をふたつ付ける。冗長にしておく。これでずいぶんとドロボウが入りにくくなる。

鍵を開けるのに時間がかかるのと、防犯意識のしっかりした家だと思われるからですね。

旅客機には制御用のコンピュータシステムが二重、三重についている。ひとつが故障してもバックアップが働く。縮退の例としては車のエアバッグとシートベルトがある。どちらも車が衝突したときに、ドライバーが前に放り出されてフロントガラスにぶつかるのを防ぐ。

どちらかが機能しなくてもドライバーを守れますね。

他にもたくさんある。特にセキュリティの分野ではね。クレジットカードやオンラインバンキングでは、暗証番号やパスワードに加えてＰＩＮコードや別の暗証番号を要求することが増えてきた。冗長にしてセキュリティを守る。面倒だけど仕方ないね。

冗長だけではマズイのですか。目覚まし時計を三つかけておけば、間違いないように思うのですが。

共通原因で全部がダメになることがありうるからね。たとえば自分が時間を一時間間違えていた場合。時刻が本当は八時なのに、自分では七時と思い込んでいる。それで目覚まし時計の時間が三つとも一時間遅れている。すると七時に目覚まし時計をかけて起きても、実際には八時。面接に遅れてしまう。

それだと目覚まし時計をいくつ用意してもダメですね。

日本はサマータイムを使っていないけれど、サマータイム制を取っているところでは切り替え時期に起こりやすい。三月に報道された事件だ。アイルランドの首都ダブリンで、突然路上駐車の車が爆発して血まみれの男が逃走したそうだ。爆弾テロ犯がサマータイムの時間切り替えを忘れていて、思いがけず爆発してしまったのではないかと伝えられている。また、サマータイムの切り替え時期に飛行機に乗り遅れる人が多いという話も良く聞く。

それはあせりますね。そうか。冗長の場合は、同じ原因で全部ダメになることがある。それで縮退、違うものを使うのですね。お母さんに頼んでおけば、お母さんまで一時間間違えていることはないでしょうから。

そう。縮退によって共通原因の問題を防げる。ただし、原子力発電所では共通原因に対して厚みのある対策が取られている。共通原因として考えられるのは火災や電源故障だ。複数の系統や設備の間を壁で区切って延焼を防ぐ。別々の電源系統につないで同時に故障することを防いでいる。

ひとつひとつの独立性を高め、同時に故障することを防ぐのですね。

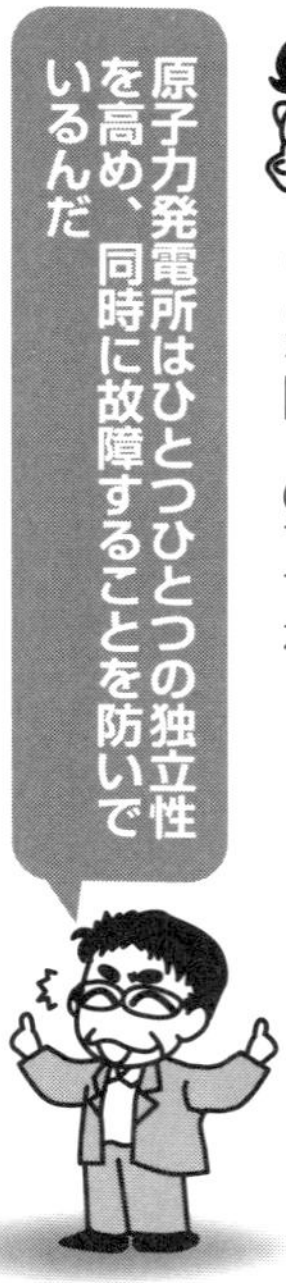

うん。このように冗長、縮退によって機能が失われないようにする。実は生物の進化も同じだ。条件の変化や他からの攻撃によって機能が失われることがないように進化してきた。遺伝子レベルでは、かなりの損傷を受けても機能に影響を受けないようになっている。損傷修復する仕組みも備わっている。人間には腎臓がふたつあり、このうちひとつだけでも機能を果たすことができる。

冗長になっているのですね。心臓や脳もふたつあると良かったですね。

そうだね。でも、生物は、何かあったときに機能を続けられることの他に、もうひとつ大事な視点がある。

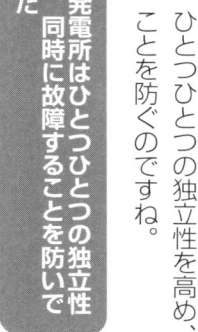

何でしょうか。

軽いこと。素早いことが必要だ。ササッと動いて食料を確保する。敵から逃げる。

わかりました。冗長や縮退でいろいろなものが二つ三つと余計に付く。当然重くなり動けなくなる。だから素早く動けることのバランスがあるのですね。

そう。この点が車や飛行機の安全と原子力安全の違ってくる点だ。車も飛行機も原子力も、安全を守るために冗長や縮退の考え方で対策を施す。しかし、車や飛行機は生物と同じだ。いろいろな安全装置を付けていくと重くなっていく。そうすると走行や飛行に支障が出るから、やっぱりバランスを取らなければならない。

たしかに、戦車のような車なら安全性は高そうですが。

原子力発電所は移動の必要はない。軽量で素早くという要求はない。だから安全装置、安全設備を好きなだけ付けられる。もちろん好きなだけといっても、安全確保の考え方に基づいて適正に設計したものが設けられている。

何だか飛行機に乗るのが怖くなりました。

ごめん、ごめん。そんなつもりはないんだ。車も飛行機も、リスクが問題とならないよう適切な安全設計が行われているからね。最後に問題。パソコンで卒業論文を書いている。ハードディスクに保存しているが、誤って別の内容を上書きしたり、ファイルを消したりしてはたいへんなことになる。このときに取る対策の冗長と縮退の例をあげよ。

簡単ですよ。ファイルをコピーしてひとつを保存用、ひとつを作業用にします。論文を書くのは作業用ファイルで行い、一日の終わりに保存用ファイルにコピーする。これが冗長です。とはいえ心配だから、ときどきファイルの内容をUSBメモリに保存しておく。これが縮退です。

ご名答〜

経路依存って、通る経路によって違うということですか
東京駅から新宿駅へ行くのにＪＲ中央線で行くか、地下鉄丸ノ内線で行くか
乗換案内の世界です
まあ、それは文字通り経路依存だね

第25回 経路依存性

どちらを使うかで時間や運賃が違ってくる。

中央線は東京駅が始発です。少し待てば座っていけます。

それもあるね。それで新宿に着きました。そのときの状態を考えよう。もっているお金、時間の余裕、疲れといった状態が、どちらを通ったかで違う。現在の状態が、過去の経路に依存していること。これが経路依存性。

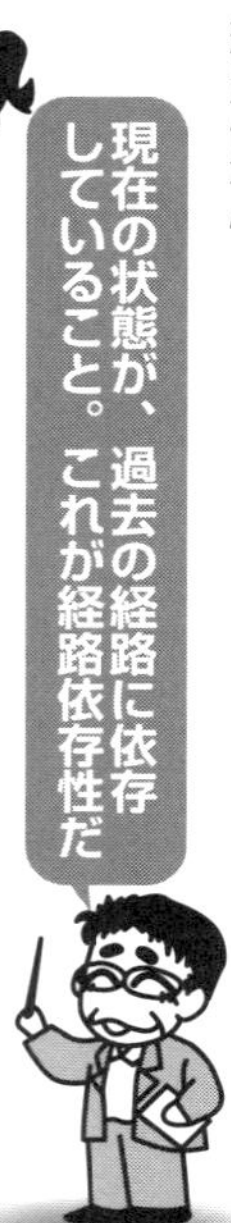
現在の状態が、過去の経路に依存していること。これが経路依存性だ

あたりまえのような気がしますが。

まあまあ。経路依存性の一番有名な例が、キーボードのアルファベット配置だ。

左上から右に向かってＱＷＥＲＴＹと並んでいますからクワーティ配置と呼ばれています。

そう。あれは一八五〇年代にアメリカのショールズ社が開発したタイプライターのキー配置だ。当時はもちろん機械式のタイプライターで、キーを打つのが速すぎると、文字を紙に打ち付ける棒同士がぶつかり合って詰まってしまった。それでわざと速く打てない配置にした。

Ａが小指の位置にあり、打ちにくいと思っていました。

それに、セールスマンが訪問先でタイプライターという英単語を打ちやすいように、一番上の列だけでこれを打てるように配置したらしい。

本当ですか。

以降、タイプライターが改良され、電動タイプライターが開発され、さらにパソコンで使われる電子式キーボードが登場してきた。この間、何十種類という新しいアルファベットの配置が研究され、開発された。機械トラブルを考える必要がなくなったからね。覚えやすく打ちやすいキー配置を目指して。

今も全部クワーティ配置だから、開発したどれも使われなかった。ダメだったのですね。

その通り。タイピストも一般の人もクワーティ配置に慣れてしまい、標準になってしまった。だから新しい良いものが出てきても受け入れられなかった。

ＡＫＢ系のグループが花盛りなので、他のアイドルグループがなかなか出て来られないのと同じですね。

ハハハ。ちゃんと歌えるグループでもね。経路依存性とは、このように現在の状態が経路に依存して決まること。物理系には経路依存性はない。鉄球を落とす実験は、いつ誰がどこで行おうが、条件が同じなら同じ結果となる。しかし、社会や経済に見られる現象はそうではない。同じ条件でも同じ結果になるとは限らない。

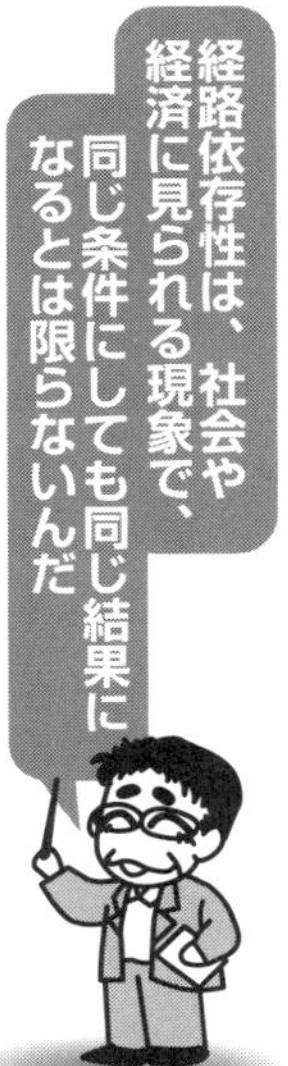
経路依存性は、社会や経済に見られる現象で、同じ条件にしても同じ結果になるとは限らないんだ

そのときの状態だけでない。たどった経路によっても違ってくるのですね。石油ショックがそうでした。二回目は、一回目ほど混乱は起きなかったと習いました。

ところがわれわれは、いろいろ起きていることを、現在の条件だけで説明しようとする傾向がある。経路依存性を忘れてしまう。現在を詳しく調べて、その中で説明し結論を出そうとする。それで、他のところでうまくいっているものは良いはずだ。そのまま取り込もうとする。

マネをするんだと。

そう。あそこのご主人は、お小遣いウン万円でやっているんですって。だからアナタも…。○○くんは一時間勉強すると一時間ゲームができるんだって。だからボクも…

人や家庭それぞれに事情がありますから。

会社や国も同じ。経路依存性を考えず、外国の制度や仕組みを当てはめようとする。かつて多くの会社でMBAフィーバーが起きた。MBAというのは、アメリカのビジネス系大学院で取る経営学修士の学位のこと。これをもっている人がすごいと話題になった。ビジネスのプロ、仕事のプロだと。でも、日米で仕事のやり方が違うので、うまく機能しなかったようだ。エネルギーでも良く言われる。あの国が良い、この国が素晴らしいと。表面だけ取り上げてね。

国や社会は、それぞれたくさんの経路を踏まえていますから。

規制制度もそうだ。アメリカの制度を移入して、推進と規制を二項対立するようにした。それで、原子力安全について規制委員会と規制庁をつくった。ところが形だけマネをしたものだから、何のために何をしているのか、何をすれば国民の役に立つか。関係者が理解していない。

ニュースでときどき見ます。空回りしているだけのようですね。外国の制度の導入といえば、大学にも最近増えてきていませんか。

大学はちゃんとやっている。これを説明しなければいけない社会からの圧力が強まっているからね。大学院重点化、法科大学院に始まり、秋入学制度、講義の英語化、女性教員の増加などが課題になっている。

どれも導入するときの期待ほどには効果が出なさそうですね。先生はどうお考えですか。

ノーコメントでお願いします。とにかく、社会には経路依存性がある。人生にもね。これを知っておくこと、良く考えることが大事だ。

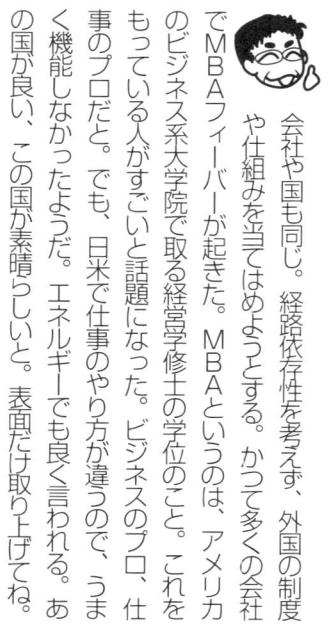

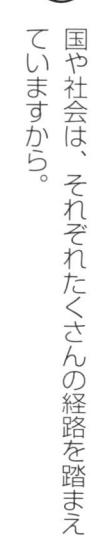

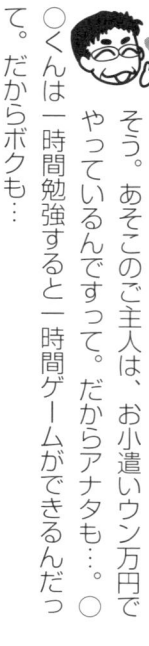

現在は、現在だけで存在しているのではない。こういうことですね。

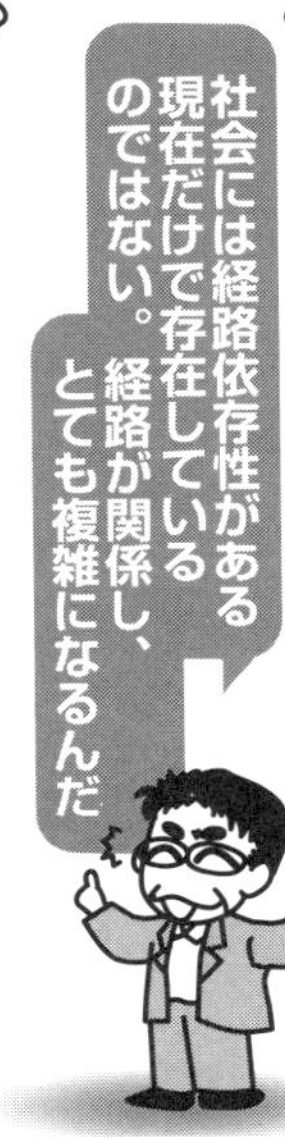
社会には経路依存性がある
現在だけで存在している
のではない。経路が関係し、
とても複雑になるんだ

経路が関係する。それで、社会経済現象はとても複雑になる。経路を含んだ多くのことが影響し、因果関係はあいまいになる。だから出来るのは、せいぜい起こったことを後から説明することだ。

こういう理由で織田信長が勝って、こういう変化が戦国社会に起きた。経済バブルが起きて、そして崩壊したのはこういう理由だ。このような説明ですね。

そう。何となく説得性がある話がつくられる。後付けでね。しかし、どの話にもそれほど一般性があるわけではない。これに気をつけなければならない。悪いことに、後付けの話に一般性があると誤解しちゃうと、予測もできると思ってしまうことだ。

そうですよね。クワーティ配置が発明されたときに、一六〇年後のモバイル機器のタッチ画面で同じものが使われるなんて、誰も予測できなかったはずです。

だから、経済評論家が経済予測のようなことを話しても、競馬の予想や占いと同じ程度に考えておくべきだね。

父がコボしていました。為替レートが一ドル八〇円の頃に、ドル預金を増やそうと思ったそうです。けれど、たくさんの経済評論家や経済学者が、一ドル五〇円の時代が来ると予測していたのでドル預金を増やさなかったと。

競馬の予想と同じだよ。実力があるから当たる、実力がないから当たらない。そういうわけではない。

当たるも八卦、当たらぬも八卦ですね。

もちろん、たまたま当たることもある。経済でも競馬や占いでもね。当たったときには大騒ぎする。的中した～ってね。心理的にも当たったことだけを特別扱いする傾向がある。このことを悪用する詐欺まがいもたくさんある。気をつけてね。

アルゴリズムってコンピュータのプログラムのことですか？
コンピュータに限らないね処理する手順を意味しているのがアルゴリズム

第26回 アルゴリズム

もちろんコンピュータは手順にしたがって、つまりアルゴリズムで動く。

アルゴリズムをプログラムに書いておくのですね。

ステップ毎にどうするかをね。コンピュータはメモリをもっていて、その内容を読み書きする。四プラス五を計算する手順を考えてみよう。まずメモリAに四を、メモリBに五を書き込む。そしてメモリAとメモリBの内容を読んで足し合わせる。その結果をメモリCに書き込む。そしてメモリCの内容を画面や紙に出力すると九という答が得られる。

なるほど。面倒ですが、ステップを踏んでいく。この手順をアルゴリズムというのですね。

アルゴリズムとは手順のことだ

そう。手順のことだから、料理のレシピもアルゴリズムだ。

食材を準備する。どういう順序でどのように調理するか。調味料をどの段階でどれぐらい入れるか。レシピにはそういう手順が書いてありますから。今はネットでいろいろな料理のレシピが簡単に見られます。

きちんとしたレシピがあれば、誰がつくっても同じになるはず。有名なシェフと同じような料理ができる。

食材が同じなら、そう違わないでしょうね。ところで先生は料理をされますか。

うん。

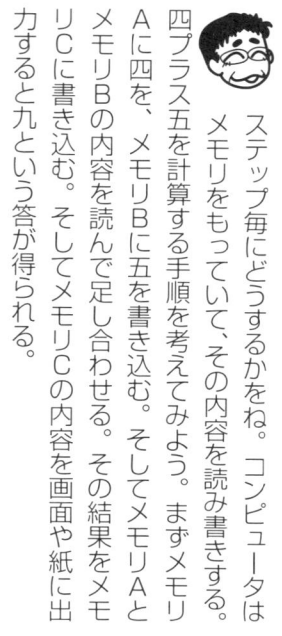

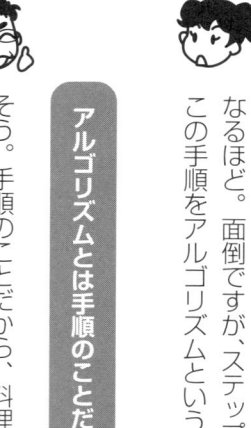

得意料理は何ですか。

舌平目のムニエル。バターの焦がし具合がポイントだね。

すご～い。今度食べさせてください。

喜んで。コンピュータのアルゴリズムに話を戻そう。二〇一三年に、コンピュータが将棋の現役プロ棋士に勝ったと話題になった。

コンピュータが年々強くなっていると聞きました。昔、チェスの世界チャンピオンがやはりコンピュータに負けたそうですが。

一九九七年だ。当時の世界チャンピオンのカスパロフがIBMのディープブルーというスーパーコンピュータに負けた。二〇一三年は将棋だった。囲碁はまだまだコンピュータは弱いそうだけど、いずれプロに勝つプログラムが出てくるだろう。

コンピュータの知能が人間を上回るということですか。

いや。知能や知性とは関係ないと考えた方が良いだろうね。アルゴリズムの問題だから。

手順ですね。コンピュータのプログラムに次の一手を決める手順が書いてある。

そう。驚くべきは、チェスや将棋の弱い人が考えたアルゴリズムということだ。弱いといっても、もちろん、普通の人よりはずっと強いだろう。でも、世界チャンピオンやプロ棋士は、想像もつかないような素質と鍛錬で強くなった人だ。そういう人を、弱い人が考えたアルゴリズムが負かしてしまう。

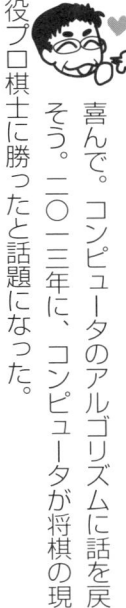

アルゴリズムの威力ですね。

次の一手を指す。それに対し相手がどうするか、さらにその後に自分がどうするか…と考えなければならない。組み合わせはすぐに何千通り、何万通りになってしまう。そういう膨大な組み合わせの中から最善の一手をアルゴリズムにしたがって決める。大量の組

み合わせを調べるほかに、高速というのも特徴だ。アルゴリズム・トレーディングというものがある。

トレーディングって株の売買ですか。

そう。コンピュータを使って株の自動売買を行う。株価や為替、ニュースなどの情報をコンピュータにつなぐ。情報の変化をアルゴリズムが瞬時に判断して株の売買を行う。

株式市場は複雑で予測できないですから、アルゴリズムを使ってもメリットはないはずですが。

まずアルゴリズムは、人間とは違って感情に左右されないメリットをもっている。損をすることの恐怖感、対象企業への思い入れ、私生活でのムシャクシャなどに影響されない。客観的に判断できる。

なるほど。

それと高速化によるメリットだ。高い確率で儲けられる情報があるとしよう。インサイダー取引したくなるような貴重な情報だ。そういう情報が出ると、市場が反応して株価の変動が起こる。そして徐々に売買が進み、やがて株価は落ち着いていく。ところが、アルゴリズム・トレーディングは、ニュースや初期の小さな株価変動にすぐに反応できる。人間のトレーダーよりももうけられる確率が高くなる。一刻も速く情報を得ることが大事になる。それで証券取引所のすぐ近くに高速コンピュータを設置する競争が起きている。こうして、もうける機会をアルゴリズム・トレーディングがもっていってしまう。

不公平になりますね。

もうひとつ大きな問題がある。アルゴリズムが自動で高速・大量の取引を行う。このため何が起こるかわからなくなってきている。

どうしてですか。

いろいろなアルゴリズムが市場に参加している。それらの相互作用で何が起こるか誰もわからない。小さな変動が次々と拡大したり、アルゴリズムの暴走が止まらなくなったりするかも知れない。実際に、

二〇一〇年五月にフラッシュクラッシュと呼ばれる現象が起きた。わずか数分の間にアメリカのダウ平均価格が一〇〇〇ドル近く下落した。原因はアルゴリズム・トレーディングではないかと言われている。原油や天然ガスといったエネルギー市場にもアルゴリズム・トレーディングが入ってきている。景気や紛争、政治の影響を受けやすいところに、さらに変動を促す要素が入ってきたことになる。

バブルやクラッシュが起きやすくなっている。不透明さも増えますね。

アルゴリズムは、われわれの行動にも影響を及ぼしている。ビッグデータからね。

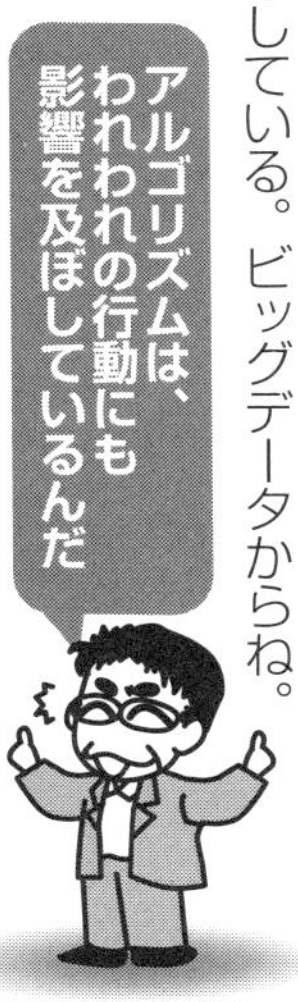

ビッグデータ。最近よく耳にしますね。誰がどの商品を買ったか、どのホームページを見たか、何を検索したか。膨大なデータが毎日生み出されています。

大量のデータもアルゴリズムなら簡単に調べられる。データから意味を見つけ、われわれにアドバイスをし、行動の決定に役立てる。現代は大量の選択肢に囲まれている。何を買うか、どの映画を見るか、どこのレストランに行くか。

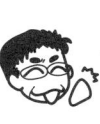

選択肢が多いと良い決定ができます。

いや、逆だね。選択肢が多過ぎると人間は決めることができなくなる。それでアルゴリズムが登場する。グーグル検索すると関連の強いと思われるページから表示される。ネットで何かを買うと、それを買った人はこういうものを買っていると薦められる。

余計なお世話とイラッとすることもありますが、便利は便利ですね。

グーグル検索で該当するホームページを表示する順序。これが商品や音楽の人気に決定的な影響を与える。このアルゴリズムは公開されていない。コカコーラの成分と並んで、世界最高級の機密のひとつになっている。

ふふ。わたしのボーイフレンドを選ぶアルゴリズムも秘密ですよ。

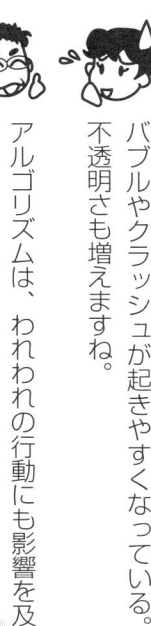

沈黙の螺旋って新しい映画ですか？スティーブン・セガールの…
あ、いや。今日は映画の話じゃないんだ

第27回 沈黙の螺旋

でも良く知ってるね。セガールの沈黙シリーズ。

父が好きですから。

沈黙の戦艦から始まる沈黙シリーズの映画。実は原題には沈黙なんてひとつも入っていない。どの映画にも。日本の配給会社がセガールの映画に沈黙、沈黙と付けているだけ。

へぇ～。うまいマーケティングですね。ところで沈黙の螺旋。こちらは何でしょうか。

社会で沈黙が広がっていくメカニズムを表している。人は誰もが孤立を恐れる。周りや社会がどんなことを考えているか。常にチェックする。そして自分の考えがそれと同じなら発言する。しかし違っていると沈黙してしまう。

沈黙の螺旋とは、社会で沈黙が広がっていくメカニズムのことだ

食べものの好みや好きな映画なら、周りと違っても問題ありませんが。

でも、モラルや政治が絡むとそうでもなくなる。アンデルセン童話の裸の王様。知っている？

はい。ふたりの悪い布織り職人が王様をだます話です。バカ者には見えないという布で王様の服をつくる。バカ者と思われてはたいへんですから、家臣は全員、ありもしない服をすばらしい服だと褒めます。街へ出ても同じです。王様は裸なのに、自分が思うこと、本当のことを誰も話せなくなります。

そう。沈黙が沈黙を呼ぶ。螺旋のように沈黙が

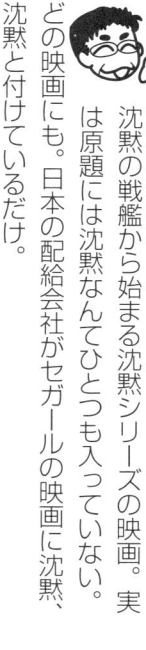

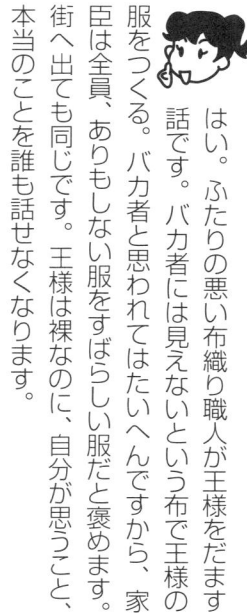

広がっていく。そして間違ったこと、誰も思っていないことが社会のマジョリティになっていく。

魔女狩りやヒトラーのナチスと同じですね。多くの人が間違いだと思っていたはずです。でも誰も反対できなくて沈黙してしまう。

抑圧的な政治体制は、だからふたつのことをする。違う考えを発言する者を隔離し粛清する。もうひとつはコミュニケーションの制限。出版物を検閲し、集会、旅行を禁止する。

沈黙の螺旋を打ち破るにはどうすれば良いでしょうか。

知識とコミュニケーションだね。科学技術による客観的な知識。それにいろんな考えを意見交換できるコミュニケーションが大切だ。

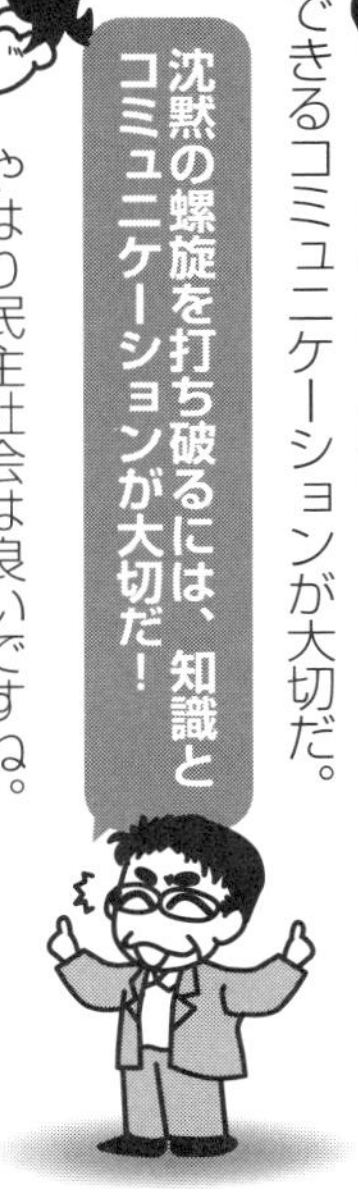
沈黙の螺旋を打ち破るには、知識とコミュニケーションが大切だ！

やはり民主社会は良いですね。

ところが問題はそう簡単ではない。たくさんの知識が蓄積され、インターネットにより自由で活発なコミュニケーションが行われるようになっている。しかし、相変わらず沈黙の螺旋は存在している。

どんなところでしょうか。

いろいろなタブーがある。人種、宗教、差別、女性、社会保障などの問題でね。年々そういうタブーが増えている。そうそう自由に発言できるわけではない。だから講義で冗談を言うときにも結構気を遣うんだ。

女性にお嬢さんと呼びかけるだけでハラスメントですよ。先生も発言には十分気を付けてくださいね。

もうひとつ。エネカさんは講義のときにわからないところを先生に質問するかい？

本当はするべきでしょうが、実はあまりしません。

みんなそうなんだ。自分の質問がおかしな質問ではないか。良く聴いていなかった、自分だけ

理解できていない。先生や周りにそう思われるのではないか。で、質問するのをためらってしまう。

周りの人にどう思われるか。それを考えて沈黙してしまう。人は孤立を恐れる。他の人に良く思われたい。だから沈黙する。間違っていることに反対しない。思ってもいないことを発言する。こういうことですね。

その通り。同じように、モラルや政治に関して社会の意見の分布を知ることはそう簡単ではない。世論調査やアンケートが行われる。集団的自衛権、憲法改正、体罰、エネルギーなどについてだ。たとえばエネルギー問題。自然エネルギーの課題や原子力の必要性を良く理解している人でも、アンケートでは考えとは違う回答をすることもあるだろう。

友人が渋谷でアンケートを受けたときです。原子力は必要だと思うと回答したら、どうしてそう思うのか、危険なものを受け入れるのか。いろいろ言われたそうです。

先入観をもった世論調査や誘導的なアンケートも多いからね。また、いつの頃からか知らないけれど、ニュースキャスターや評論家が集まって社会、政治、経済、科学の事件、問題をバッサリ切るようなテレビ番組が増えてきた。

みのさんからですか。あ、これ伏せ字じゃなくてだいじょうぶかしら。

キャスターも評論家も、何にでも、どんな話題にでも口を出す。でも彼らに研鑽を積んで得た専門知識があるわけではない。評論といえば聞こえは良いが、根拠がある話でもないし、発言の責任を取ることもない。結局は良い悪いといった感想や思い付きをやり取りしているだけだ。

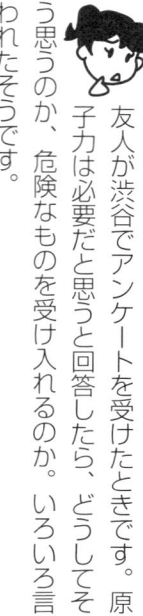

他の先生ですが、ああいうことなら誰でも言える、呑気な仕事だ。そうおっしゃっていました。

ハハハ。そうして現代版の沈黙の螺旋が起こる。変なことを口にして視聴者や大物キャスター、利害関係者などからの反発を買うとたいへんなことになる。攻撃されるかも知れない。攻撃ならまだしも、干されて職

を失うかも知れない。実際に干されている人もたくさんいるとのことだ。ご興味のある読者はネット検索でどうぞ。

うわ〜、粛清と同じですね。怖いはずです。

それで、当たり障りないこと、社会に受け入れられそうなこと、自分が良い人と思われそうなことの発言のオンパレードとなる。そういう意見だけが述べられ、社会のマジョリティとなっていく。

ネットで調べたばかりのことを、まるで自分が考えたように話す人も多いですね。

本当はどんな問題にもいろいろな側面がある。しかしマスコミにかかると、一つの軸だけでこれが正しい、これが正義だとなってしまいがちだ。国民総洗脳に近い。そして獲物を見つけると全員で攻撃する。

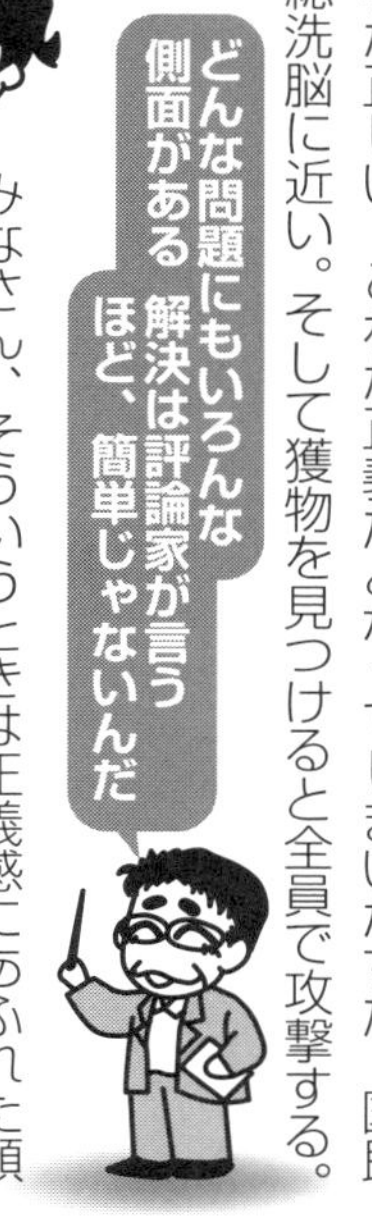
どんな問題にもいろんな
側面がある　解決は評論家が言う
ほど、簡単じゃないんだ

みなさん、そういうときは正義感にあふれた顔をしてます。

そう。攻撃している人は、ある種の快楽を感じているそうだ。視聴者も同じような快楽を感じるのだろうね。加虐性とでもいうか、こういった快楽を人間は誰もがもっているのだろう。学校や社会で起きているイジメの根本には、こういう人間の本性がある。だから、解決は評論家が言うほど簡単ではない。

う〜ん。沈黙の螺旋。人間性とも関係して難しい課題ですね。何か克服する方法はあるでしょうか。

やっぱり科学技術による客観的な知識、それに自由でオープンなコミュニケーション。このふたつに尽きる。最良で最後の希望だろうね。

ところで、童話の最後で、王様は裸だ、と叫んだ少年。その後どうなったのでしょうか。

王様にえらく気に入られて、王家に養子に迎えられたということだ。

怪しい〜。先生の創作っぽいですね。

やられたらやり返すって半沢直樹ネタですか?もう一年も前のテレビドラマですよ
まあまぁ今日は、人間がなぜ協力するか‥という話囚人のジレンマって知っている?

第28回 やられたらやり返す

聞いたことがあります。ふたりの囚人がいます。相手に協力するか裏切るか、そういうことだったですね。

そうそう。言葉は有名だけど正確に知っている人はあまりいない。軽い罪で捕まっているふたりの囚人が、実は共犯として重罪を犯している。

それを黙秘するか自白するか。黙秘は共犯の相手に協力、自白は相手を裏切る。

ふたりとも黙秘なら軽い罪でふたりとも懲役一年。ふたりとも自白すれば重罪でふたりとも懲役五年になる。もしひとりだけ自白して、もうひとりが黙秘なら、自白した方は司法取引で釈放に、黙秘の方は厳罰で懲役一〇年になる。

それならふたりとも黙秘で、懲役一年になりそうですが。

ところが、相手がどう出るかわからない。相手の出方によって自分はどうするのが得かを考える。まず、相手が黙秘するとしよう。そのとき自分が黙秘なら懲役一年、自白すればすぐ釈放。自白した方が得だね。じゃあ、相手が自白する場合はどうかな。

そのときは、自分が黙秘だと懲役一〇年になりますが、自白すれば懲役五年ですみます。

相手の出方がどちらでも、自分は自白した方が得になる。相手も同じことを考えるから、結局ふたりとも自白してしまう。裏切り合いで、ふたりとも懲役五年だ。協力していれば一年で出られるのにね。

そうか。協力するのが両方にとって良いのに、自分の利益を考えると、自分は裏切った方が良い。そしてふたりとも裏切りになり、かえって悪い結果になる。ジレンマと呼ばれるわけですね。

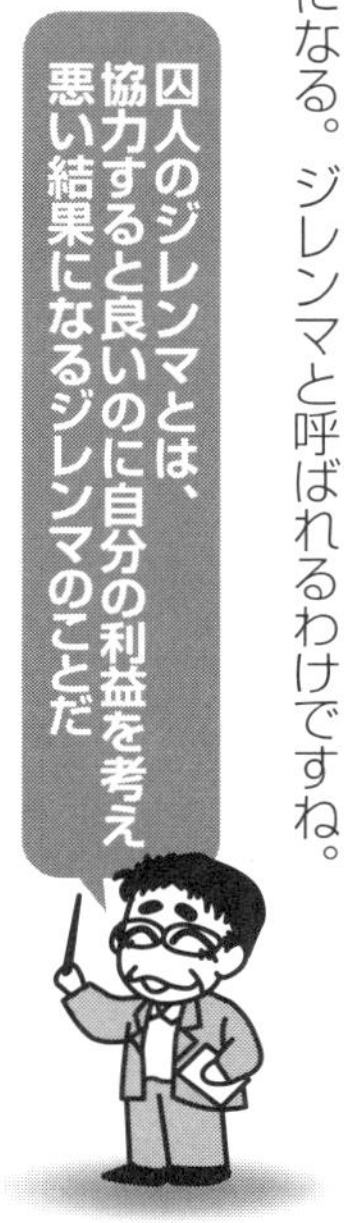

軍備競争が同じ構造をしている。協力して両方とも軍縮すればムダな費用が抑えられる。しかし、相手が協力するか裏切るかはわからない。相手がどう出ようが、自分は裏切り＝軍拡した方が優位に立てる。やっぱり両方とも軍拡することになる。

協力は起きませんね。

ところが繰り返すと違ってくる。囚人のジレンマを一回だけでなく、同じ相手と何回も繰り返す。最初は裏切り、次は協力とかね。たまたまふたりが協力すると、裏切る場合よりもずっと得をする。懲役五年が一年になる。もし協力が続けば、両方が大きな利益を得られる。

でも、そうして協力している間に、もし相手が裏切ったらどうですか。相手はすごく得をし、自分は損をしてしまう。

そういうことも含めて、繰り返しで協力と裏切りをどう出すか、どういう戦略をとるとよいかが問題となる。それで、いろいろな戦略をコンピュータ上で競わせるリーグ戦が行われた。たとえば「いつも協力」という戦略はずっと協力を出し続ける。他には「いつも裏切り」、「交互に協力と裏切り」、「ランダム」、「しっぺ返し」などの戦略が用意された。

お、「しっぺ返し」という戦略が、「やられたらやり返す」のようですね。

その通り。「しっぺ返し」戦略では、まず協力を出す。相手が協力の場合は協力を続ける。も

し相手が裏切ったら、次の回に自分も裏切りを出す。相手が協力に変われば、次には協力に戻すという戦略だ。リーグ戦では、ふたつの戦略を選んで、繰り返し囚人のジレンマを行った。戦略の組み合わせをいろいろと変えて、どの戦略が平均的にどれぐらいポイントを稼ぐかを求めた。

どの戦略が良かったのですか。

「しっぺ返し」戦略が最も良い成績を残した。やられたらやり返す。協力が生まれ継続するメカニズムのひとつだと考えられている。たとえば講義ノートの貸し借り。

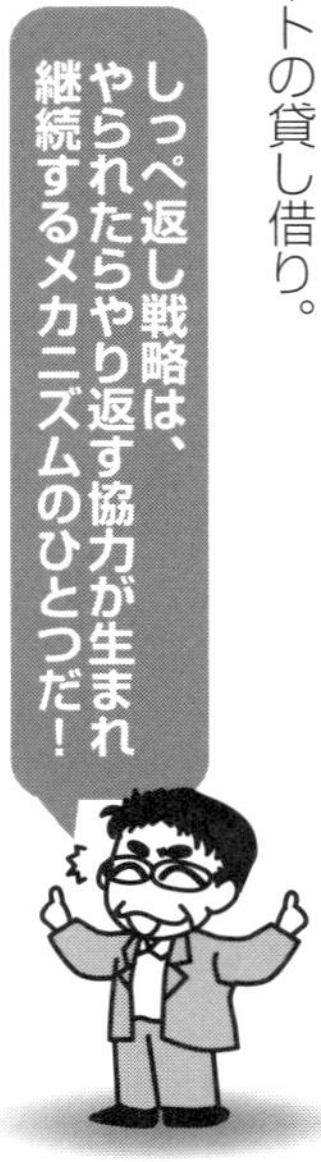

ふ〜む。ノートを貸したり借りたり。一回限りなら、誰かのノートを借り自分は貸さない。これが成り立ちます。友だちは無くすでしょうが。何回も貸し借りを繰り返すのであればお互いさまです。借りるし貸す。裏切って借りるけれど貸さないとなると、次からは「しっぺ返し」。貸してもらえなくなる。

日常生活でもビジネスでも、協力の背後には「しっぺ返し」が潜んでいることが多い。プロ野球のデッドボール。同じチームに何回も続けられると、今度はそのチームは、相手チームにわざとデッドボールを投げる。エキサイトして、いずれ協力状態に戻っていく。やっぱりお互いさまということだ。

ところで、人間は人にやさしくする、困った人がいれば助ける。協力の根本にこういう価値観があるのではないですか。

もちろんそれも間違ってはいない。でも、余裕の範囲内で示される人間のそういう特性と、戦略的な状況で人間の取る普遍的な行動を混同してはいけない。財布を落として家へ帰る交通費に困っている人がいる。五〇〇円ほどなら多くの人が貸すし、差し上げる人もいるだろう。しかし住宅ローンが一〇〇〇万円こげついた、あと五〇〇〇万円ないと会社が倒産する。まったく次元が違う話だ。価値観のような理念に縛られてしまうと視野が狭くなってしまう。特に国際的な問題に理念や信念を持ち込んではいけない。軍備、領土領海、拉致被害者、集団自衛権などだね。

軍備は不要、話し合えばわかる、助け合えば良い。こういう主張が必ず出てきますね。政治家にも。

囚人のジレンマで言えば「いつも協力」戦略だね。相手が同じようにいつも協力してくれるなら良いけど、相手には常に裏切るというインセンティブが働く。カモにされやすい戦略だ。

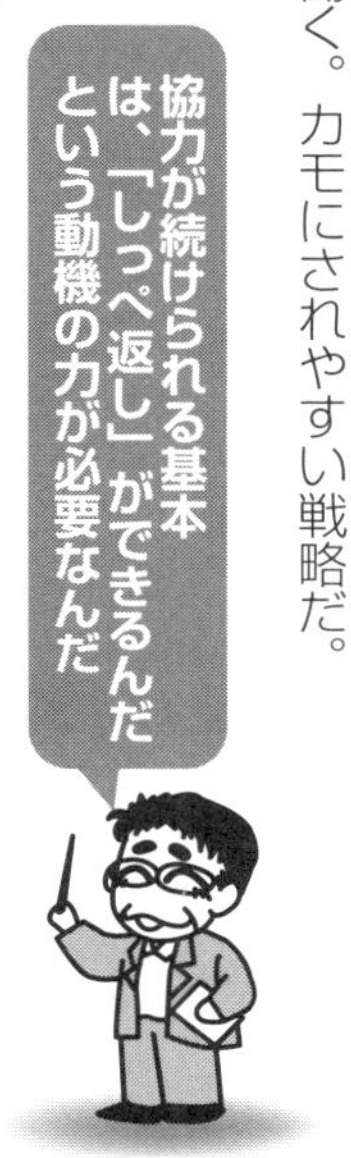

人間のやさしさや価値観とは別次元の話ということですね。

そう。エネルギー安全保障も同じ。いずれわが国がエネルギー不足で困ることがあるかも知れない。そういうときに、日本がかわいそうだ、話し合って解決する、そんなことに期待してはいけない。

ケンカするわけではありませんが、協力が続けられる基本は、「しっぺ返し」ができるんだ、そういう力をもっている。これが必要なのですね。

そのために、原子力や自然エネルギーによってエネルギーの自給率を高める。もちろん不足するから輸入しなければならない。それで、高い経済活動を維持して対価を備える。エネルギー、ハイテク、金融などの分野で国際貢献のできる能力を持ち続ける。これからも技術や技術開発が重要であり続ける理由だ。

そういえば、ウクライナ紛争の裏にはエネルギー問題があると聞きました。

ロシアの天然ガスがウクライナやヨーロッパ全域に供給されている。ロシアがこれを切り札にするかどうか、「しっぺ返し」をするかどうか。注目していこう。

最後に、先生はご家庭ではどういう戦略を取られているのですか。

もちろん「いつも協力」だよ。

へえ～。奥様にお電話してみますね。

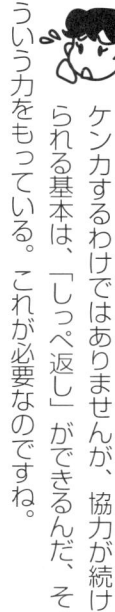

今日はバブルのてんこ盛りですね
いろいろなバブルがあるからね
エネカさんはバブルと聞くと何を思い出す？

第29回
バブル バブル バブル

バブルガム・ブラザーズです。

エッ。

冗談ですよ。やっぱり株や土地のバブルです。

バブルの最も古い記録は一七世紀のオランダのチューリップバブル。チューリップマニアと呼ばれている上流階級で、チューリップの人気が上がっていった。そして、美しいチューリップ、珍しいチューリップの球根が高値で取引されるようになっていった。高値で買っても、もっと高く売れるという期待が満ち溢れ、多くの人が争って買い求めた。ついには、高いものは球根一個で家一軒買えるほどの値段になったそうだ。

いずれクラッシュするのですね。

バブル、泡だからね。いつかはじける。値段が下がり始めると、わずか一か月で普通の値段まで下がったそうだ。

社会はとんでもなく混乱したでしょうね。

そうだろうね。株、土地、住宅、それに美術品や宝石。バブルの構造はチューリップと同じだ。実力や実際の効用をはるかに超えて値段が上がっていく。そして人々が、まだまだ値段が上がっていくと予想し、そうなることを期待する。

なるほど。人間の思惑や期待がバブルをつくっているのですね。

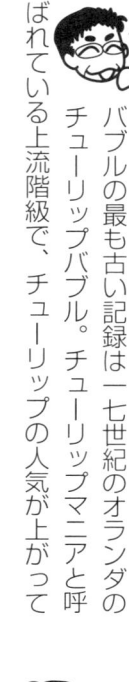

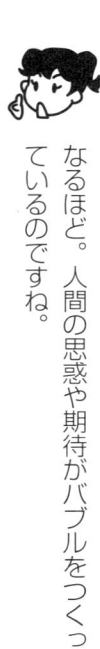

そう。思惑と欲望が果てしなくエスカレートしていく。でも、いつかクラッシュすることは間違いない。みんな最後はジョーカーをつかむことなく終わりたい。

おお、○○抜きのことですね。

伏せ字にしておこうね。今は、世界的な景気後退を背景に、多くの国が低金利政策を取っている。それで、金融機関に預けても増えないので、余っているお金をどこにもっていくかということになる。株にするか外貨にするか。不動産、エネルギー、先物などを買うか。そういう投機マネーがいろいろなところでバブルを引き起こしている。

不動産といえば、ロンドンの中心部で住宅価格が高騰し、賃貸物件の賃料やホテルの宿泊代もどんどん高くなっていると聞きました。投機用で人が住んでいない物件も多いそうです。

エネルギーでは自然エネルギーだね。特に太陽光発電が投機の対象になっている。実力以上の評価を受けてね。本来は自己責任とすべきだが、国がバックアップしているからクラッシュしても損をする心配がない。

そのバブル費用は、回り回って国民の負担になるのですね。

そう。また、投機以外にもバブルはたくさんある。ひとつが科学技術バブル。

科学技術にバブルがあるのですか。ひょっとして小保方さんがらみですか。

ピンポ〜ン。そもそも科学技術はバブルにはそぐわない。事実と合理性で成り立っている分野だ。研究が実力以上に評価されることはないし、実力以下にも評価されない。公平で合理的に評価されるよう論文の査読制度、学位の審査会、国際会議の討論などの仕組みが備わっている。

インチキ臭い話はそういうところを通過できま

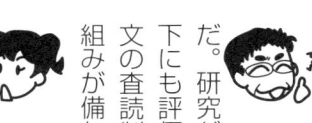

せん。すぐに馬脚が現れます。バブルになりようがありませんが。

ふたつのことが影響している。ひとつは、科学技術は社会の中にあること。研究費を取ってこないといけないし、大学や研究機関は外部から評価を受ける。研究費の割り当てを審査する人、評価をする人に対して、必要ではあるが地味な研究を地道にしていくというのはウケが悪い。だから「盛る」ことが必要になる。誰も考えていない研究です、ものすごい成果が出ます、ノーベル賞かも、となっていく。

でも、審査員や評価者も専門家ですから、見抜かれるのではないですか。

そこがふたつ目のポイントだ。科学技術はものすごい勢いで多様になり細分化している。専門家といえども本当に良くわかるのは自分の分野だけで、少し分野が違うと細かいところまではわからなくなっている。だから研究の内容や計画を理解し評価するというよりは、どこで研究していた、どういう雑誌に論文を出した、どういう賞を受けている、そういうことで判断する傾向が強まっている。

だから盛っていても、データをいじっていても、専門家でもなかなかわからないのですね。

そう。共同著者でも見抜くのは簡単ではない。小保方さんのようなケースは稀だけれど、科学技術バブルはたくさんある。ほとんどは結局尻すぼみに終わるだけ。そして忘れられていく。しかし、こういうバブルによって真っ当な科学技術が影響を受け、本来するべき研究が行われず、科学技術全体が脆弱になっていることには注意が必要だ。

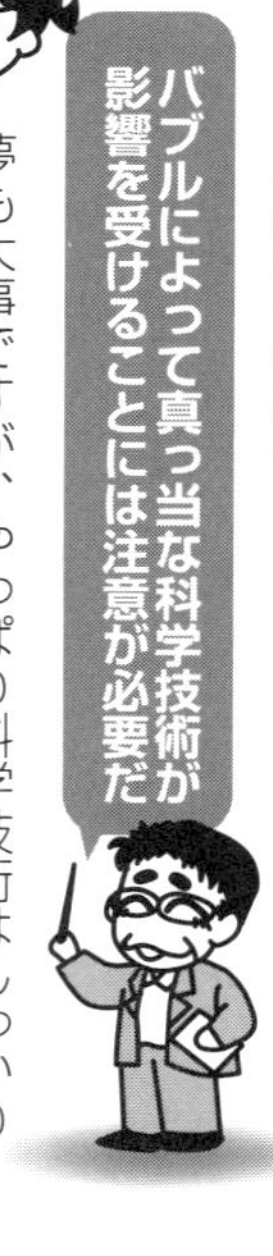
バブルによって真っ当な科学技術が影響を受けることには注意が必要だ

夢も大事ですが、やっぱり科学技術はしっかりとがんばってほしいです。

じゃ、次はフィルターバブル。

フィルターバブルですか。想像もつきませんが。

インターネットでは自動的にフィルタリングする機能が使われていることが多い。その人がよく見るニュースや、よく訪れるホームページ、それらと関連の強いニュースやホームページを優先して表示する。便利ではあるけれど誘導していることになる。

そうすると自分の気に入る種類のニュースばかり読む。自分の気に入るホームページだけを見る。こういうことですね。

そう。そうして自分が持っている信念がどんどん強化されていく。同じような意見をもつ人の間でだけ情報と意見が交換される。みんなが盛るようになり、共有する信念がどんどんエスカレートしていく。このようにフィルターのかかった情報がさらに加速されていくこと。これをフィルターバブルと呼んでいる。

そうすると、極端な意見をもつグループとして固まっていくのではないですか。

だから健全な民主社会としては重大な課題だ。当然ながら社会にはいろいろな見方、考え方がある。客観的な事実を踏まえながら、多様な意見を交換する。そして議論を通して意思決定をしていく。こういうプロセスがとても起こりにくくなっている。

インターネットは分極化しやすいと聞いたことがあります。そうするとマスコミの役割が大きいのではないでしょうか。

そうだね。酸いも甘いも客観的な事実を伝える。これがマスコミに期待される一番の使命だろう。ところが、マスコミによってはバブルをあおるように盛りに盛って記事を書く。捏造としか言えないような記事を書くところまである。困ったものだ。

本当にそうですね。今日お伺いしたいろいろなバブル。科学や情報化の進歩が、実は人間の期待や欲望を拡大してしまうことがある。こういうことですね。

その通り♪オリオリオリオ～イェリイェリイェリイェ～

先生、どうされました。

バブルガム・ブラザーズだよ。

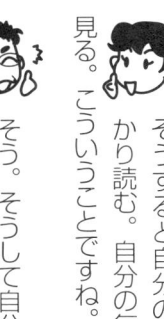

先生、地中海ダイエットってご存じですか
知ってるよ
ダイエットといっても痩せるためじゃなく、健康を重視した地中海式の食事のことだね

第30回 地中海ダイエット

新鮮な魚、野菜、フルーツに豆とナッツ類。オリーブオイルをたくさん使うのが特徴。アメリカですごくはやっている。

そうです。母が最近これに凝っていまして。父は少し脂っこいものが欲しいと言っています。

お母さんが正解。栄養が豊富なだけでなく、心臓疾患や生活習慣病の予防にも役立つ。地中海ダイエットはホルミシスの一種だね。

ホルミシスですか? 何のことでしょうか。

本来は害となるストレスが、少量なら有益な効果を示すこと。これをホルミシスと呼んでいる。たとえばエクササイズ。適度な運動を行い体に負荷をかける。負荷がストレスだね。それで筋肉や骨を強くすることができる。

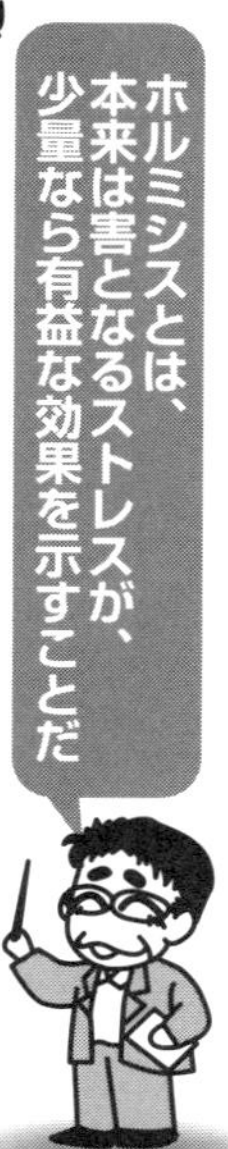
ホルミシスとは、本来は害となるストレスが、少量なら有益な効果を示すことだ

なるほど。やり過ぎると体を壊すでしょうが、適度なら有益ですね。

そうして、より大きな力、より大きなストレスに耐えることができるようになる。生物が広くもっている適応能力によるものだ。

生物が条件に対応できるように筋肉や骨を強化し、大きなストレスに耐えられるようにしていく。これがホルミシスですね。でも地中海ダイエットとどう関係するのでしょうか。

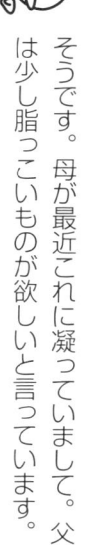

もうちょっと待ってね。生物は一〇億年にわたる進化の過程で適応能力を身に付けてきた。外からの力をストレスとするエクササイズだけでなく、熱、カロリー制限、放射線などのストレスに対してもホルミシスによって適応できる。

そういえば、福島原子力事故で放射線ホルミシスが話題になったのを思い出しました。

そうだね。放射線ホルミシスというのは、微量な放射線は害がないどころか健康に有益だというもの。そんな都合の良い話はないだろうと疑いの目で見られることもある。

放射線というとナーバスになる人がいらっしゃいますから。でも、ラジウムやラドンの温泉が健康に良いというデータがあるそうですね。

ポイントは活性酸素だ。放射線ホルミシスでも、エクササイズ、地中海ダイエットでもね。

おお、活性酸素ですか。活性酸素が健康や美容に悪い。だから抗酸化剤を摂るべきということが、たくさんの女性雑誌で取り上げられていますよ。

そのようだね。まず活性酸素の話をしよう。体を構成する細胞中のミトコンドリアでエネルギーがつくられる。このとき同時に活性酸素が排出される。活性酸素は反応性が高く、免疫に役立ってはいるが、遺伝子や組織を攻撃して損傷を与える。

悪影響があるのですね。

諸悪の根源と思われている。活性酸素の濃度が上がると生活習慣病、ガン、心臓病、認知症などが加速されると考えられてきた。

それで抗酸化剤ですか。

そう。抗酸化剤で活性酸素を中和する。このためのビタミンやミネラルがサプリメントとしてもてはやされてきた。ところが抗酸化剤による活性酸素の中和は、病気の予防や美容には効果がない、かえって逆効果という結果が報告されている。

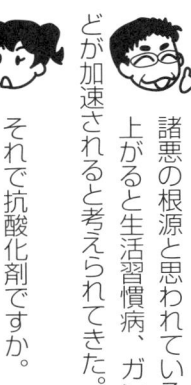

エ〜ッ。よく宣伝で耳にするサプリメントの○○も××もですか。

まあまあ。ビタミンやミネラルにはそれぞれの機能があるから、まったく役に立たないということもないけどね。さて、エクササイズを行うと体の中でエネルギーがつくられそれが消費される。それで細胞中の活性酸素が増える。微量の放射線は、やはり細胞中の分子を分離して活性酸素を増やす。活性酸素が増えると、自然に備わっている細胞内の生化学的な信号伝達と遺伝子スイッチングを通して活性酸素を中和する物質が放出される。ストレスに対して自然の中和機能が働く。この中和機能を高めていくこと。これが適応能力の増大につながるというホルミシスのメカニズムだ。

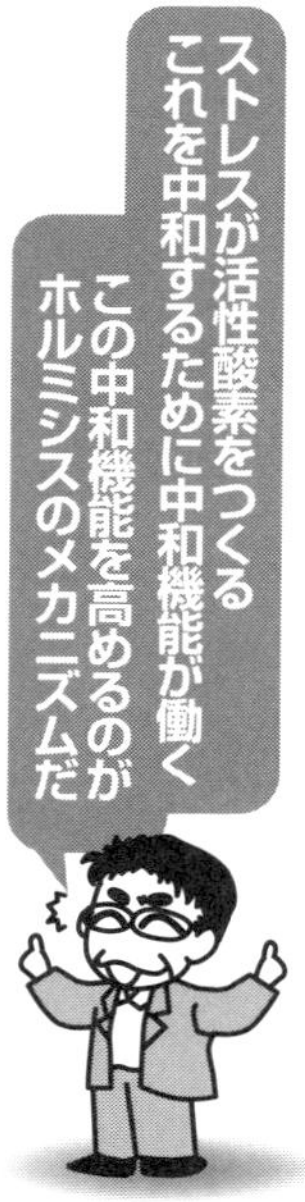
ストレスが活性酸素をつくる
これを中和するために中和機能が働く
この中和機能を高めるのが
ホルミシスのメカニズムだ

フムフム。ストレスが活性酸素をつくり、それへの自然の適応能力が高まっていく。抗酸化剤を飲んで中和してしまうと自然の能力が機能しなくなる。

そう。地中海ダイエットも同じと考えられている。食材に含まれる抗酸化剤が活性酸素を中和するのではない。逆に食材が活性酸素を増やすような酸化ストレスを与える。これが生活習慣病などの予防に有効らしい。

どうして食材が酸化ストレスになるのですか。

植物は動物と違って移動できない。動けないまま、熱、紫外線、乾燥、伝染病、害虫などの外的ストレスにさらされる。それでフィトケミカルと呼ばれる植物特有のいろいろな化学物質をもっている。フィトケミカルを動物が摂取すると、酸化ストレスに相当する信号が与えられ、エクササイズや放射線の場合と同じように信号伝達、遺伝子スイッチングが働いて、ストレスへの抵抗性が上がると考えられている。

なるほど。だから野菜やフルーツが良いわけですね。でもどうして地中海なのですか。野菜やフルーツの生育が良いからですか。

いや、逆だね。地中海気候というのは紫外線が多く、暑くて乾燥している。植物の生育にそう

適してはいない。厳しい環境だから、ストレスをたくさん受けた野菜やフルーツが採れる。

わかりました。防御能力の高いもの。色の濃い野菜やフルーツが良い。オリーブオイルやナッツ類も同じ理由ですね。

そう。香辛料も大事だね。反対に豊富な水や肥料を供給され、殺虫剤を使って育った野菜やフルーツはストレスをあまり受けていない。ホルミシスとしては弱いだろうね。

温室育ちですか。人間も同じですね。

その通りなんだ。教育も同じ。ストレスがないと良くない。今の高校までの教育にはストレスがあまりない。何を勉強するか、何を覚えるか、レールに乗っていけば良いようになっている。あげくに、大学までもわかりやすく教えなければいけない、学生の授業評価を気にする。こんな風になってきている。

わかりやすい方がありがたいのですが。

社会や人生で困ってしまう。いつも誰かがわかりやすく教えてくれる、何を読めば良いか教えてくれるなら良いけれどね。

う~ん、そうですね。

ストレスは悪いことばかりではない。悩むこと、困ることも重要な学習の要素だ。放射線にわざわざ当たる必要はないけど、微量の放射線を気にする必要はない。エクササイズは、単に筋肉や骨を鍛えるだけでなく、活性酸素の増加とその中和能力の向上を通してたくさんの病気の予防につながっている。そして地中海ダイエットだね。

今日は母が不在で、私が夕食を準備します。父から脂ギラギラのロースカツ丼のリクエストがあったのですが、白身魚と豆に野菜をたっぷり入れたスープにします。

お父さん、かわいそう~

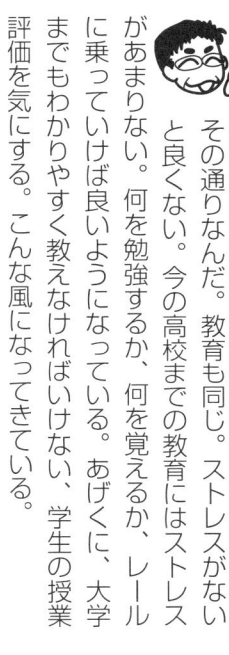

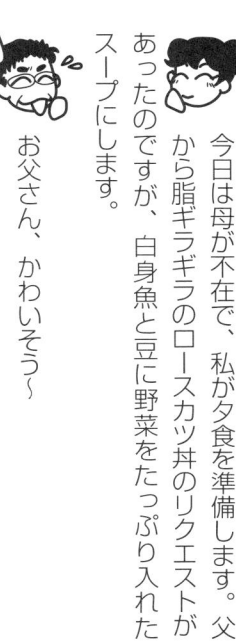

データマイニングって、知ってる?
知っていますよ マイニングは採鉱すること
データマイニングはデータの山を調べ、鉱石を掘るように役立つ意味を見つけ出すこと

第31回 相関

そう。今はビッグデータの時代。インターネットでもコンビニでも大量のデータが集められている。そのデータの中に役に立つ関係、つまり相関を見つけることが大事になっている。

相関? 相互に関係するということですか。

そう。データの関係を調べる。あることとあることが一緒に起こるのか、片方が増えるともう片方も増えるのか、それとも減るのか。こういう関係があれば相関がある。全然関係が認められなければ相関はない。

大量なデータの中に「相関」をみつけることが大事なんだ

どんなこと同士でもよいのですか。

何でもよい。意味や関連性は二の次。データだけを見る。ふたつのことの相関が強いか弱いか、それとも相関がないのかをチェックする。いくつか考えてごらん。

じゃあ、先生の年齢とわたしの年齢。

完全な相関だね。両方とも一年でひとつずつ増える。

コンビニのおでんの売り上げとデパートのコートの売り上げはどうでしょうか。

おでんとコートか。相関があるだろうね。両方とも寒いと売れる。でも完全な相関ではない。コートは冬の始まりか終わりか、セール中かそうでないか、ボーナスが出た後か。そんなことも影響してくる。

ガソリン価格とお肉の値段ではどうでしょうか。

データを調べないとわからないが、両方とも為替相場に影響されるし、肉の運送にガソリンが必要だから、やっぱり相関があるだろうね。

データからいろいろなことがわかりますね。そして、在庫をどのぐらい用意するか。どういう生産計画にするか。役立てていく。

そう。データから相関を見つけてうまく使う。ただし、気を付けておかないといけないことが二つある。まず、相関は因果関係ではないということ。それとデータの質と量の問題だ。

相関と因果関係は違うということですね。

あることが原因で何かが起こる。原因と結果の関係が因果関係だ。メカニズムや理屈がある。ゴルフボールをクラブで打つ。これが原因となり、結果としてボールが飛んでいく。

先生がダジャレを言う。それでわたしが苦笑いをする。

むむ。まあ、それも因果関係だね。これに対して相関はメカニズムも理屈も関係ない。単にデータの間の関係を見ているだけ。しかし同時に観察されることなので、因果関係ととても混同されやすい。アメリカでのこと。朝ごはんを食べる子は学校の成績が良いと話題になった。データから、朝ごはんを食べることと成績が良いことの間に相関があったんだ。

なるほど。もっともらしいですが、じゃあ、朝ごはんを食べると成績が良くなるかというとそうではない。因果関係ではないですね。

そう。家庭環境や日常生活全般が係わっている。

やはりアメリカのことだ。肥満は伝染するという研究結果が発表された。伝染病のようにね。家族や友人のネットワークつながりを調べてみると、肥満な人は肥満な人とつながっていることが多い。強い相関がある。これを因果関係と考えてしまい、肥満が伝染していくという誤った結果を導いてしまった。

あはは。

次に注意が必要なのはデータの「質」と「量」の問題だ

もうひとつ注意が必要なのはデータの質と量だ。少ないデータ、ひどい場合にはデータもなく自分の思い込みを一般化してしまう。そして相関がある、さらには因果関係があるとまで話をもっていってしまう。テレビのおちゃらけ健康番組に多い。

ダイエットや健康についてお医者さんと芸能人が面白おかしく議論する番組ですね。こうすればやせる。こうすれば健康になる。あ、そうか。…すれば…というのは因果関係を意味しているのですね。

その通り。こうすればやせる、こうすれば健康とおっしゃるのだが、すべからく根拠薄弱だ。ご自身の経験、つまりひとりの例だけで話しているものまである。それで体を温めるのが良い、いや冷やす方が良い。朝ごはんを食べた方が良い、いや食べない方が良い。運動をした方が良い、いやしない方が良い。どちらが良いのかまったく不明だ。因果関係どころか相関もなさそうだし、十分なデータもないようだ。

そういえば、テレビでどのダイエット法が良いかを比べていました。三つの方法を取り上げ、それぞれひとりの女性芸人が試すというものでした。

何の意味もないね。ビジネス書、英語習得書、株の指南書などにもこの手が多い。…すれば…のパターン。こうすればビジネスが成功、こうして英語を簡単に習得、こうやればもうかる。本屋さんへ行くとこんな本がたくさん並んでいる。

因果関係でもなければ、データに基づく相関でもないということですね。

人間は因果関係が大好きだ。これに気を付けなければならない。古くは、厄災、日食、豊作不作などあらゆることの原因を神の意思としてきた。科学が発達してからも同じだ。原因があるから結果がある。結果があるのは何かが原因している。大きな結果となるのは何か大きな原因があるからだ。こういう考えから抜け出せない。

原因がないのは気持ちが悪い。人間の理性が因果関係を求めるのでしょうね。

これが間違っている。現代の課題に単純な因果関係はない。いろいろなことがこんがらかって、相互作用の結果としていろいろなことが起こる。特定の原因が見当たらないことも多い。すべてがシステム的な問題になっている。

それでシステム創成学専攻ができたのですね。

うう。わかってくれてありがとう。たとえば年金問題。年金の将来見通しが不透明となり大きな社会問題となった。こんなひどい結果になったのは何か原因があるはずだ。厚生労働省や社会保険庁で悪事が行われているに違いない。その原因を取り去れば一気に解決するはずだ。ミスター年金と呼ばれる議員や多くの人がそう考えた。

ミスター年金は、たしか厚生労働大臣になられたのですね。それで何もできなかった。

彼が悪いわけではない。悪いところを直せば済むという問題でなかったからだ。エネルギー、国際問題、教育、金融、社会保障。すべてがそう。こうすれば良いという解決策があるわけではない。取り去れば解決する原因があるのではない。こういうことを前提に考える。システム的な課題として、豊富なデータと知恵を活用していく。そして前に進めていくことが大事だ。

原因がないことがある。ジェームズ・ディーンの「理由なき反抗」のようですね。

そうそう。あの映画の原題は理由ではなく原因。「原因なき反抗」だ。悲劇の原因を求めていっても何も見つからない。一層と暗さが増すね。

先生、どうかされましたか浮かぬ顔ですよ
うん・・まあね

第32回 知りすぎたのね

何を見ておられるのですか。ちょっと見せてください。サッと。

あっ。

健康診断の結果ですか。ふむふむ。血圧とコレステロールがイエローカードですね。

今は血液検査だけでいろいろなことがわかる。血液に含まれる物質の微小量の分析ができるからね。でも、ひとつひとつの項目を、全員をひとくくりにした基準値に当てはめてイエローだ、レッドだと言われてもなあ。個性だってあるし、知らなければ知らないですむこともたくさんあるのに。

先生らしくないです。きちんと調べる。そして結果を素直に受け入れる。たくさんデータがあれば、それだけ良くわかるんですから。

そうかなあ。ケプラーの法則って知っているよね。

高校で習いました。惑星の運動についての法則ですね。

惑星の軌道は楕円、面積速度は一定、こんな法則だね。中世のヨーロッパだ。天動説から地動説へと移り、そこへケプラーの法則が登場した。これがニュートンの万有引力の法則へとつながっていった。ケプラーは師のチコ・ブラーエの惑星運動の観測データを分析してケプラーの法則を導いた。じゃあ、ブラーエのデータが粗すぎたり、細かすぎたりしたらどうだっただろう。

粗いデータだと円運動としかわかりませんね。逆に、現代の観測データのように詳細だと、データの山に埋もれて何が何かわからないかも知れません。

そう。粗すぎず、細かすぎず。ちょうど良いところがある。二丁拳銃だね。

先生、知っておられる読者は少ないですよ。お笑いコンビの二丁拳銃ですね。ちょうど良いをネタにしている。

うん。部屋の温度、体重計、時刻などの表示を考えてごらん。技術的には小数点以下二桁でも三桁でも測れる。でも、やっぱり目的に合わせたちょうど良い表示があるだろう。

目的に合わせた
ちょうど良い表示が一番良いんだ

そうですね。体重を何グラムまで知っても意味はないし、水泳競技のゴールのタッチの差じゃありませんから、時刻なら何時何分で十分です。

ね。昔の歌にもあるよ。知りすぎたのね、私のすべて、恋は終わりね、秘密がないから♪♪。

その歌は知りませんが、秘密がないとダメというのは何となくわかります。

今はデータだらけだ。通話、メール、ホームページ閲覧、ＧＰＳ位置、クレジットカード使用、ＳＵＩＣＡ乗車…。こういう履歴や記録を人に知られるのはイヤという人が多い。秘密というほど大げさではないが、知られたくはない。また、トラブルの原因にもなる。

そうなんです。わざとだったりうっかりだったり、ボーイフレンドの携帯電話をこっそり見てしまう。見てはいけない通話やメールの履歴を見つける。そして大ゲンカになってケンカ別れという話をよく聞きます。

ほらね。知らなきゃ知らないですむこともある。最近、ニューイングランド医学ジャーナル誌に韓国のがん検診の記事が掲載された。韓国でここ二〇年に甲状腺がんが一五倍に増えたということだ。

へえ〜。すごい増加ですね。何が原因なのでしょうか。がんが感染するわけでもないし。

がん検診を充実したこと。これが原因だそうだ。一九九九年に韓国政府は大々的に国民の健康診断プログラムを開始した。多くの病院やクリニックに超音波検査設備が導入され、たくさんの人がいろいろながんの検診を受けるようになった。この結果、甲状腺がんと診断された人の数が一五倍になった。

早期発見。良かったですね。

いや。逆なんだ。甲状腺がんの患者数は一五倍になったが、死亡者数には変化がなかった。

あれれ。もし早期発見に意味があるなら死亡者数は減るはずですね。

そう。トリックはこうだ。実は、甲状腺がんになっている人はものすごく多い。三人にひとりは甲状腺がんができている。でも、ほとんどすべては乳頭状の小さな塊で、生きている間にがんが顕在化することはない。がんではあるけれど、何の影響もないものだ。

わかりました。がん検診をしたためにそれが発見された、発見されてしまった。

その通り。

でも、見つけるだけなら悪いことではないのでは。

一旦、がんと診断されてしまうと、本人の希望や医師の勧めがあって、切除手術をする人が多くなる。甲状腺を切除しても生命に問題はないが、ずっとホルモン剤を服用しつづけなければならない。

手術のリスクもありますね。

なんの影響もない
小さながん発見による
過剰診断・過剰治療に
注意が必要なんだ

その記事はがんの過剰診断、過剰治療に注意を促している。甲状腺がん。福島原子力事故と関係してくる。事故で放射性のヨウ素が放出される。ヨウ

素は人に吸収されると甲状腺に集まるので、甲状腺がんを引き起こすおそれがある。

事故のときにはヨウ素剤を飲む。仮に放射性ヨウ素が入ってきても蓄積しないようにする。そのためにヨウ素剤を配っておくと聞きました。

放射性ヨウ素の半減期は八日と短い。そして国連科学委員会や有識者は、事故の分析から福島における住民への放射線影響、健康被害はないものと結論づけている。しかし不安もあるだろうから、健康調査を進めていくことになっており、甲状腺がんの診断が始められている。そうすると韓国と同じ問題が起こるだろう。

すでにもっている甲状腺がんが見つかり、患者数が増える。それが放射能の影響だと誤解されるのですね。

そう。誤解だけならまだしも、不必要な切除手術につながり、不必要なリスクや不便をこうむることになりかねない。この点を理解してもらう努力が必要だ。ぜひマスコミも協力して理解を進めてほしい。

がん検診。では他のがんについてはどうですか。読者も関心をもっておられると思います。

専門家でも意見がわかれるところだが、前立腺がんや乳がんの診断は統計的に見るとあまり意味がないという発言がでてきている。簡単に言うと、がんが見つかってもほとんどは何の問題もないものか、もう手の尽くしようがないもので、早期発見によって生命が救われる割合はそう高くない。検診はコストやリスクに見合わないという主張だ。

難しいですね。統計は統計ですが、当事者にとっては別のことですから。

これからは、自分の年代、生活習慣、親族の病歴などを考えて、どういうがん検診を受けるか自分で判断していく時代になっていくようだね。

いつの間にか話が変わりましたが、先生の健康診断イエローカード。塩分を控え、脂っこいものを控える。わかりましたね。

ハイ。

こんにちは
エネカさん
今日のピンクの
ワンピース、
よく似合って
いるよ
ありがとう
ございます
先生の赤い
セーターも
お似合いですよ

第33回
ドランク・タンク・ピンク

今回はお洋服の色の話ですか。

いや。色によって人間の行動が変わるというのが今回のテーマ。ドランクは酔っ払い、タンクは留置場のこと。酔っ払いを入れる留置場をピンク色に塗る。

ピンク色の留置場ですか。お花畑に迷い込んだ酔っ払いですね。

それで酔っ払いがおとなしくなる。一九七〇年代終わりのこと。アメリカで色によって筋力がどう変わるか実験が行われた。たくさんの若者を集め、半分に青色の厚紙を、もう半分にはピンク色の厚紙を渡す。その色を一分間じっくり見つめ、直後に筋力テストをする。次には色を交換し同じことを行う。その結果、青色を見つめた場合は筋力が増え、ピンク色では筋力が低下した。

なるほど。青は緊張感があり、ピンクは落ち着く色ですね。

そう。ピンクでは筋力の低下だけでなく、脈拍と呼吸数の低下も確認された。この話が海軍将校に伝わり、それじゃあ試してみようとなった。海軍の酔っ払って暴れる者を収監する留置場の壁と床、天井をすべてピンクにしてみた。

ドランク・タンク・ピンクですね。

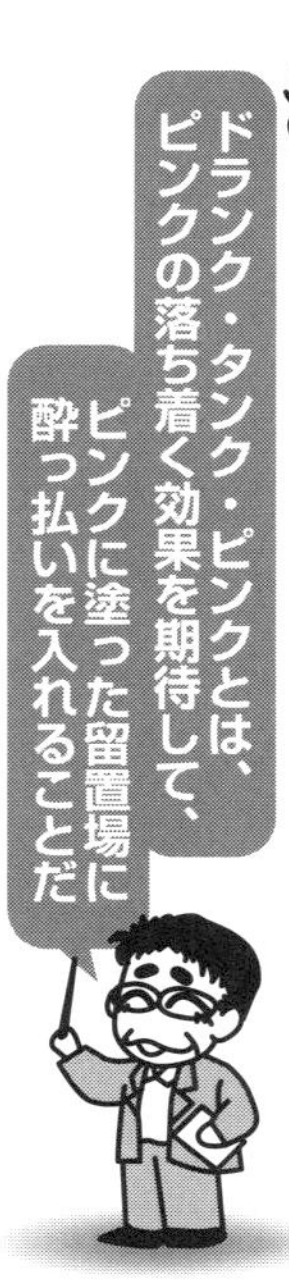
ドランク・タンク・ピンクとは、
ピンクの落ち着く効果を期待して、
ピンクに塗った留置場に
酔っ払いを入れることだ

一五分もそこにいると、酔っ払いは穏やかで従順になったと報告された。これを受け、いくつかの刑務所が監房をピンクに塗り替えた。落ち着く効果を期待して、小学校や病院でも壁をピンクに塗るところが現れた。コロラド州立大学、アイオワ大学は、大学のフットボールスタジアムのビジター用の施設、ロッカールームから廊下、トイレまで全部ピンクに塗ったそうだ。

ハハ。相手だけ穏やかになって力が出ないのですね。

効果があったようだ。今はリーグによっては、ビジター用とホームチーム用で違う色にすることを禁止している。

ピンクといってもショッキングピンクなどいろいろあります。ドランク・タンク・ピンクはわたしの服のような色ですか。

色の三原色で赤二五五、緑一四五、青一七五と定義されている。ワードやパワーポイントで、文字や図形に色を指定できる。そのときに「その他の色」、「ユーザー設定」を選んで赤、緑、青にこの数値を入れると出てくる色だ。

今、ノートパソコンをもっています。ちょっとやってみます。…ちょこちょこと。あ、甘い香りがするようなピンクですね。これならおとなしくなるかも。

このように、色によって人間の感覚が変わり、行動に跳ね返ることがある。インターネットを使った実験。Tシャツの色だけを青、赤、黄、緑、黒、白と変えた同じ人の写真を六枚並べる。どの色が交際相手として人気か調べられた。さて、どの色が人気だったでしょうか?

ファッションとしてはどの色もアリですが、人気といえば無難な白でしょうか。

男女とも赤が一番の人気だった。たしかに写真を並べて見ると、赤を着ている人はオープンな人柄に見える。

分かった。先生、それで赤のセ…

シーッ。人の判断や行動に影響するのは色だけじゃないよ。音、天気、名前、他の人の評価なども影響する。こういう外から人が受ける感触や、関係なさそうなそのときの状況が大きな影響を与えることがある。

音でいえば、テンポの良いポップな音楽がかかっているとウキウキします。ついついたくさんお買い物してしまうときがあります。レクイエムがかかっていたら、お買い物気分にはならないですね。

お天気も同じ。晴れのときは気分が良いから注意が散漫になる。曇りや雨のときに比べて、細かい情報を見逃すことが多いという実験結果がある。

高いお買い物、大事な判断。こういうときには注意が必要ですね。

そう。多くの人は、自分は知識と情報をもとに客観的に判断する、判断できると思っている。でもそうではない。人間が判断し行動するのに、知識と情報だけでなく、色、音、天気、名前など外から受ける感触が大きく影響する。これを知った上で、自信過剰にならず、必要なときには情報を注意深く分析し、ゆっくりよく考えること。

人間が判断し
行動するのは、
知識や情報だけでなく
色や音、天気など外から受ける
感触が大きく影響するんだ

そうすればサギに遭うことも避けられるし、買ってしまってから後悔することもなくせるかも。

また、どんな形か、どんな仕組みかによっても行動が変わる。たとえばお金。現金での支払いから、徐々にクレジットカード、携帯電話の支払い機能、ビットコインのような仮想通貨に移っていく。バーチャルになると、お金を得た苦労や支払うときの痛みを感じなくなるので、過剰消費する傾向になる。

祖父のグチを聞いたことがあります。お給料が現金だったときに比べて、銀行振り込みになってから、祖母の感謝が無機的になったと。

ふふ。無機的ね。エネルギーも同じ。石炭から、石油、電気へ移る。便利になるにしたがい、どうしても過剰消費になりがちだ。

そうですね。電気は目に見えないし、スイッチひとつ押すだけですから。

経済学や社会分析では、まず人間の合理性を基礎に置く。人間には自由意思があり、情報を客観的に分析して合理的に判断する、するはずだ。こう想定する。そうして経済マーケットがどう動くか、社会の制度をどうするとよいかを考える。

経済学で習いました。ホモ・エコノミクス。合理的に行動する人を考える。

ところが人間は合理的でもあるが、合理的でない判断をすることも多い。付き合いで飲みに行ったり、アイドルグループの同じCDをひとりで何十枚と買ったりする。寄付もすればボランティアにも行き、恋人にごちそうしたりする。すべて経済合理性からははずれている行動だ。情報についても完全に集めて分析するわけでもない。

安いお店を探すこともありますが、トコトン探すわけではないです。必要であれば、多少高くても近くのコンビニで買うことも多いです。

それに加えて、色、音、天気など、外からのわずかな感触やそのときの状況が、人間の判断、行動に影響を与える。これからは社会制度デザインや経済分析に、人間の合理的でないところを考え、色、音、天気など感触の効果も取り込んでいくことが大事だ。

人間は合理的に判断するはずだ。こう考えるだけではダメなのですね。

そう。人間の難しくもあり面白いところでもある。ともかく、人間の合理性に根拠を置いているリスクコミュニケーション、広報活動などは視点を変えていく必要があるだろう。人が情報をどう受け取るか、どう判断しどのように行動するか。このようなことを深く考えることが大切だ。

ありがとうございました。では、先生の赤いセーターの理由。最高機密にしておきますね。

第34回 バックトゥザフューチャー

あら、先生はシニア割引。いつでも一〇〇〇円でしょう。

ううう。映画の設定は一九八五年だ。マーティとドクがデロリアンというタイムマシンで三〇年前に行ってしまう。そこでマーティが高校生だったときの両親に出会う。臆病者の自分の父親を励まし、母親との恋愛がうまく行くよう仕向ける。

ところがお母さんはマーティに恋をしてしまう。ご両親が結婚しないとマーティは自分の存在が消えてしまう。それでアノ手コノ手でご両親の恋愛を取り持ちます。

ふとしたことから、臆病者の父親が不良を叩きのめして自信をつける。

そうして一九八五年に帰ってみるとアララ。以前はさえないお父さんだったのが、売れっ子の小説家になっており、優雅な家族に変わっていた。

高校生だった母親はマーティと別れるときに言う。「あなたのことは一生忘れない。子どもが生まれたらマーティと名付けるわ」。ところがマーティは次男。兄と姉がいて三番目の子どもだ。

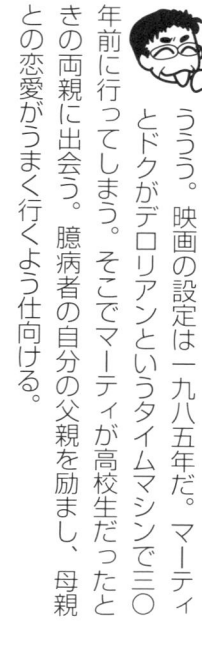

普通は長男に付けますね。でもいろいろあるんでしょう。

まあいいか。え〜と、過去が変わると現在も変わる。時間の流れとともに、過去のことが現在に、現在のことが将来に影響する。

それはそうです。現在何をするか、どう行動するかで将来は変わってきます。だからしっかり勉強せよということですか。でも先生が勤勉を説くわけはないし…。

うん。言いたいのは、現在の行動や政策が将来を決めるということ。

わかりました。エネルギーや環境問題のことですね。現在の石油や天然ガスの大量消費が近い将来にこれらの枯渇につながる。二酸化炭素の放出が今のまま続くと、やはり近い将来に地球温暖化を招く。

そう。現在によって将来の世代がどのようなエネルギーをどれぐらい使えるか、地球の環境がどのようになっているかが決まる。

将来のことも考える必要があるということですね。じゃあ、どうすればよいでしょうか。

地球の未来とか、子どもたちの将来とか、理念はたくさんあるだろう。理念は理念で良いけれど、思考停止になりやすく、問題の解決には程遠い。将来のことは切実感がないし、他の国がどうするかも関係する。また、どの国も今の問題で手一杯だ。テロや紛争、格差、福祉など直面する課題が次から次へ出てくる。どうしても将来のエネルギーはアジェンダにはなりにくい。

アジェンダ。議題のことですね。先生、不必要な横文字を使ってもロクなことにはなりませんよ。確かに、わたしたち若者も、自分の勉強、就職、恋愛などのイシュー、あ、すみません、課題がいっぱいあって、先の世代まで考えるのは難しいです。

そこで将来との協力ということが出てくる。いわゆる協力とは、社会で互いにお金や労力などのリソースを出し合ってより大きな成果を得ること。しかし、将来世代との協力はまったく違う。今の利益や便利さをガマンして将来世代のために備えること、尽くすことだ。たとえば、エネルギーの消費を抑えて将来に資源を残す。将来のために資金を投じてエネルギーを開発する。二酸化炭素の放出に対して税金を払う制度をつくり放出を抑える。

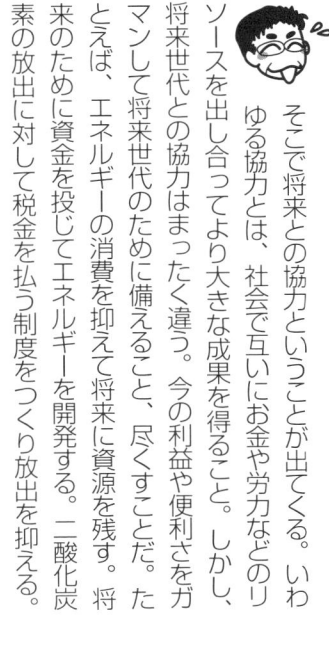

将来世代との協力とは、今の利益や便利さをガマンして、将来世代のために備えること、尽くすことだ

理念としてはみんな賛成でしょうが、現実的には思うほど簡単ではなさそうです。

そうだね。こういう将来世代との協力について研究が行われている。インターネットで人を募って実験する。五人でひとつのグループをつくり、これを一世代とする。に一〇〇のリソースグループのそれぞれの人は、自分が使うリソースの量を〇から二〇の間で自由に決められる。五人の使用量の合計からどれだけのリソースが残るかが決まる。残ったリソースが五〇以上であれば、次の世代に引き継がれる。そしてリソース量を一〇〇に戻し、違う五人が次の世代を繰り返す。

世代が引き継がれていくゲームですね。参加者は引き継がれる条件を知っているのですか。

うん。知っている。ひとりが一〇まで、つまり使える量の半分までに抑えれば、世代が続くことを知っている。

ところが人間は、使えるのならたくさん使いたい。一五、二〇と使う人が出てくる。そうすると、そこで世代は途切れてしまうのですね。

一万人以上の人を使っていくつものグループをつくり実験が行われた。結果は、第一世代の八〇%はそこで終わってしまい、第四世代まで続いたものはほとんどゼロだった。しかし、個人でみると一〇以下しか使わないという人が六八%もいた。

協力的な人ですね。でも残りが一〇以上使うという人で世代が続かない。

そう。そこで投票を導入した。まず五人が使いたいリソースの量を投票する。そして使いたいという量が真ん中の人が投票した量を五人全員が使うという制度にしてみた。

それだと五人の中に協力的な人が三人いれば、世代が続きそうです。

その通り。投票制にしたらほとんどすべてのグループが何世代も引き継がれた。面白いことに、投票制にしたら協力的な人が八六%に増えたそうだ。

なるほど。人間心理ですね。他の人が自由に使うのなら自分もたくさん使いたいが、投票で全員が拘束されるのであれば、協力してもよい。

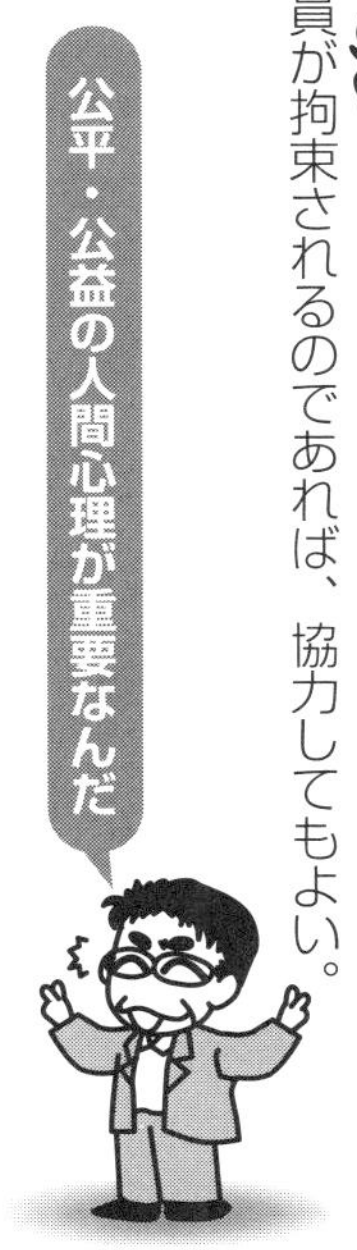

全員が公平に負担するのなら自分も負担する。税金や社会保障がこうだね。

身近なところでは持ち回りの幹事やＰＴＡの役員ですね。

自分がガマンして見知らぬ将来世代に貢献するような問題。そう多くの人が利己的であるわけではない。社会の大きな課題を解きたいと思っている人がおり、全員が負担するのなら喜んで協力する人が多くいる。

ただし、少数の利己的な人の行動が、条件が整えば協力的な人を非協力に変えてしまう。

そう。だから、協力的な人が快く協力できる、そうして社会として前進していくことができるような仕組みや制度をよく考えなければならない。

公平、公益の視点ですね。

民主社会は、個人に重きを置いて発展してきた。今の社会は、世界中が関連し、世代にわたって影響を及ぼすスケールの大きいたくさんの問題に直面している。社会の流れを考え、個人の権利だけでなく、社会、公益ということに想いを巡らせる必要がとても高くなっている。報道や司法も、このあたりをよく考えるべき転換点に来ているような気がするね。

そういえばバックトゥザフューチャーのパート2は、マーティとドクが三〇年後の未来へ行くというストーリーでしたね。その三〇年後が今年の二〇一五年ですよ。

先日のゼミ合宿
雨にたたられて
もうたいへんでした
一緒に行った学生の中に
雨男がいたそうです
ハハハ雨男ね
目くじらを立てるところでもないけど、
メディオクリティ原理によれば、雨男、雨女というのはありえないね

第35回 メディオクリティ原理

メディオクリティ…何ですか、それ。

メディオクリティというのは平均、平凡という意味。メディオクリティ原理というのは、すべてが平凡、ナッシングスペシャルを意味している。

メディオクリティ原理とは、すべて平凡、特別なことは何もないということだ

特別なことは何もないということですか。

そう。もともとは宇宙論から来ている。宇宙論は後にして、メディオクリティ原理とは特別なこと、特殊なことは何もない。特別とする根拠がなければ平凡と想定するのが合理的と考える。

なるほど。雨男くんが雨を呼び込むと考える特別な理由は何もない。だから雨男ではないと想定する。

手紙が届く。非公開の株を買う権利があなたに当たった。そして電話が。その株を買ってくれれば高く引き取る。典型的な詐欺の手口だね。メディオクリティ原理によれば、あなたが特別に選ばれる理由はない。詐欺とわかる。

じゃあ、先生のところに絶世の美女がやって来る。そして先生こそ運命の人だと。

・・・。

しっかりしてください、先生。詐欺かドッキリカメラです。

はっ。え～と、カルト宗教やオカルト系のネタのほとんどは何の根拠もない。メディオクリティ原理によればインチキとわかる。

超能力や秘密の儀式。それに永久機関、深層水、波動、マイナスイオンなんかですね。

そう。全部根拠がない。インディアン伝承シャンプーというのもある。インディアンには薄毛の人がいないらしい。だからインディアン由来のシャンプーを使うと増毛に効果があるという触れ込みだ。

それなら毛むくじゃらの動物もアリですね。羊のエキシャンプーというのはどうでしょうか。

うまい。でも白髪だらけになりそうだね。放射能では美味しんぼの鼻血騒動があった。福島大学の先生がこんなオカルト話を支持していると聞いて驚いたね。

専門が地方行政らしいですよ。

専門が違うと言ってもねえ。オカルト話のように特別な起源、特殊な視点を必要とする考え方や理論は信用できない。オカルトとは見えないよう科学の仮面をかぶったものがたくさんある。

気をつけます。

特別なものがあるわけではなく、特別な人がいるわけでもない。自然は自然のルールにしたがって動いている。生命や知性だって何ら特別なものではない。遺伝や進化のルールにしたがっているだけだ。

でも、いろいろな人がいます。足の速い人、料理の上手な人、面白い人…あ、面白くない芸人さんもいますが。それに、まずは当たらない宝くじだって、当たる人はいます。

みんな偶然によるバラつきの中のことだね。遺伝的継承のときの偶然によって人間に多様性が生まれる。宝くじもそう。偶然によって当たる人が出てくる。世界はルールにしたがって動いているだけで、特別な意図や特別な祝福で動いているのではない。

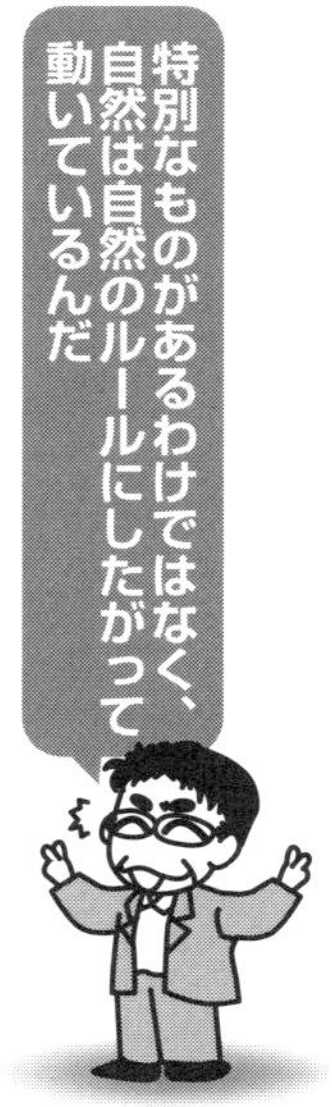
特別なものがあるわけではなく、自然は自然のルールにしたがって動いているんだ

宇宙論とはどう関係しますか。

宇宙がどうやってできたか聞いたことあるよね。

ビッグバンですね。一四〇億年前に起きたビッグバンが宇宙の始まりです。

今の宇宙論ではインフレーション理論が主流だ。偽真空というものがあって、これが崩壊するときに巨大なエネルギーを出す。大爆発となって瞬時の急速な膨張が起きる。急速膨張を経済のインフレになぞらえてインフレーションと呼ぶ。ビッグバンのメカニズムはこのインフレーションと考えられている。

それ以来、宇宙は膨張を続けているんですね。

爆発的な膨張が終了したところは穏やかな状態になる。このかたまりを泡に見立ててバブルと呼ぶ。われわれがいるのは、宇宙の中のバブルのひとつ。この中にたくさんの銀河が含まれている。銀河のひとつに太陽系が属する天の川銀河があり、地球は太陽系のひとつの惑星だ。

宇宙はすごい広さですね。

本当にね。何かを知るには光や信号を観測する。だから地球から観測できるのは地球に光が届く範囲内だけ。範囲内だけとはいっても、光が何十億年と進む距離にある遠くの銀河から光が届く。地球から観測できる星はすべてこの観測範囲の中にある。

観測範囲の外はどうなっているんでしょうか。

観測できるのはバブルの中のほんの一部分だけ。観測範囲の外はどこまでもバブルの中。やがてバブルの境界に達するが、境界は光速以上の速さで膨張していると考えられている。バブルの外では、宇宙のあちこちでインフレーションが起きている。どこかで急速に膨張し、やがて減衰してバブルができるということが繰り返し起きている。こうして宇宙には無数のバブ

ルが存在する。

今まで考えていた宇宙やＳＦ映画の宇宙よりもはるかにスケールが大きいですね。

それでメディオクリティ原理。あらゆるものすべては宇宙の特別な存在ではない。特別と考える根拠が何もない。地球も太陽も決して宇宙の中心ではなく無限個の存在のひとつに過ぎない。地球上の生命や人間も、宇宙の何ら特別な存在ではない。

それでは宇宙人はいるのでしょうか。

インフレーション宇宙論によれば間違いなくいる。宇宙には無限個の領域があり、無限個の銀河、無限個の星がある。地球とまったく同じ歴史をもつものがあり、またちょっとだけ違うものも無数にある。地球と同じ文明もあれば、より進んだ文明もあるだろう。

やがて宇宙船がきて宇宙人との遭遇もあるのですか。

いや、ないだろうね。宇宙論のいう宇宙人の存在と、ＳＦの宇宙人とはまったく違う。

ＳＦでよくあるのは宇宙人襲来モノです。人類より進んだテクノロジーをもった宇宙人が攻撃してくる。最初は劣勢になるのですが、最後は人類が勝つ。

人類が負けるとすると、どんな結末になるんだろうね。ＳＦはこのくらいにして、宇宙論では宇宙人は無限の大宇宙に広がっている。観測範囲内にいる可能性はないことはないが、ほとんどすべては遠くのバブルにいるだろう。もちろん旅行することはできないし、存在を確認することさえできない。アメリカは一九六〇年以降ずっと地球外知的生命の探索を行っている。地球に届く信号を分析して。

何も見つかっていないのですね。

そう。だから知ることができる範囲内には知的生命はいないだろうね。

攻めてくる可能性も無さそうですね。

先生、ご覧になりましたか
コメンテーターが降板をめぐってキャスターと大バトルになったニュース番組を
いや
見ていないけどネットで話題になってたよね

第36回
ダニング・クルーガー効果

局の上層部や官邸の圧力で自分が降板させられるとか。

異様な雰囲気でした。

被害妄想だね。ダニング・クルーガー効果というのがある。心理学者のダニングとクルーガーが発表した。能力や知識が不足しているがために自分がどれぐらい能力不足、知識不足かを正しく評価できないという効果だ。

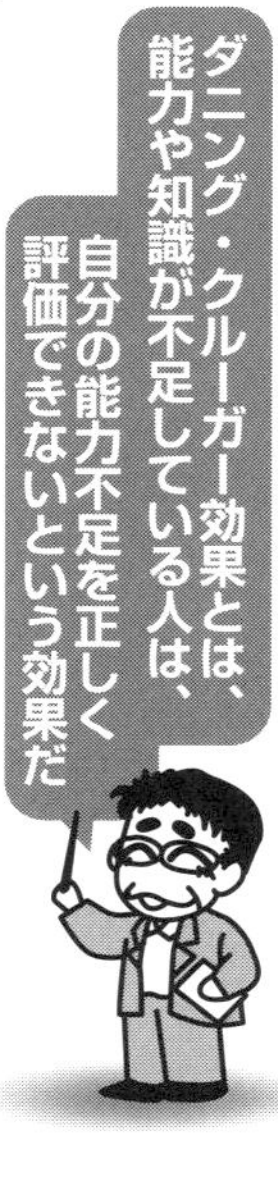
ダニング・クルーガー効果とは、能力や知識が不足している人は、
自分の能力不足を正しく評価できないという効果だ

なるほど。わかっていないと、自分がどれぐらいわかっていないかがわからない。こういうことですか。

そう。被害妄想君は、自分がものすごいことを知っていて、ものすごく良い考えをもっている。これが一般の人に伝わると社会が大きく変化する。権力側が困ってしまう。だから圧力がかかったんだと思っている。

実際はそうではなかった。ご自身を正しく評価するには能力や知識が不足していたのですね。これまでもワーワーおっしゃっているだけで、特にすごい知識や良い考えをもっておられるように見えませんでした。

知らなければ、全体にもっと知るべきことがあるとわからない。逆に知れば知るほど、もっと知るべきことがあるとわかってくる。たとえばイチロー

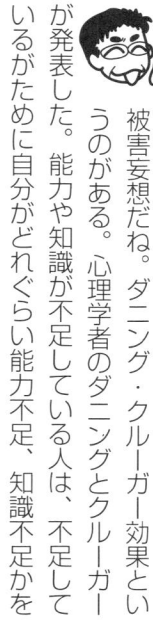

選手。誰もが認める世界有数のバッターだ。彼はいつも言っている。打撃技術に関してこれで満足というところはない。どこまで行っても、常に克服すべき課題が出てくるんだと。

インタビューを見たことがあります。謙遜しておられるかと思っていました。

いや。謙遜ではないと思うよ。伝統芸能にしても、スポーツ、趣味、仕事など何でも、極めれば極めるほど、深く学べば学ぶほど、まだ課題がある、さらに知らなければならないことがあるとわかってくる。

そういえば、プロのレーシングドライバーは、普通の道路は何が起こるかわからなくて怖い。だから一般の人よりもずっと慎重に運転すると聞いたことがあります。

そうそう。科学技術も同じだ。いろいろな分野に専門家がいる。知れば知るほど問題の難しさがわかってきて、簡単に割り切ったり議論したりできないことがわかる。単純な解決策があるように思えても、またいろいろな課題が出てきて問題の解決にならないことを理解している。ところがマスコミや一般の人は、こういうことをなかなか受け入れられない。

一分が勝負と聞きました。テレビでは一分でわかりやすく説明し結論をまとめる。

それでダニング・クルーガー効果だ。被害妄想君のような専門家モドキがたくさん出てくる。エネルギー、健康医学、異常気象、地球環境、脳などの分野でね。

能力不足であるからこそ自分が能力不足であることがわからない。そして得々と解説し、語る。本当は部分的な知識や断片的な経験に基づいているのですが、自分ではものすごい知識と経験だと思っている。

コメンテーターやキャスターにも多い。部分的な知識やいいかげんな理解で、何にでも専門家のように発言する。エネルギー問題、地球環境から、スコットランド独立、アメリカ人種問題など何でもね。そして同じように気をつけなければいけないのがインター

ネットだ。

世界中のニュースや情報がすぐに手に入ります。そして個人がさまざまな意見を交換しています。2チャンネル、フェースブック、ツイッター、ブログ。それにニュース記事についてのコメントなどです。

情報や意見の交換は健全な民主主義に不可欠だ。でもそういうソーシャルメディアで流れる意見の多くはやっぱりダニング・クルーガー効果。中途半端な経験や聞きかじったばかりの知識で書く。しかも断定的に書く人が多い。

う〜ん。そうですね。根拠のない情報や意見でも信じてしまうことがよくあります。

実はダニング・クルーガー効果は誰にでもある。人間の心理に根差す本性のようなものだ。運転免許を取ったばかりのときは誰でも注意深く運転する。少し経験を積んでくると危ない。ひととおり運転技術をマスターしたように思ってしまい、スピードを出し過ぎたり、睡眠不足で運転したり、危険と隣り合わせになる。

ダニング・クルーガー効果は、誰もが陥りやすいんだ

冬山登山も同じですね。最初は準備万端で冬山に挑む。特に問題はなかった。これ以上知るべきことはないと思ってしまう。あ、それじゃあ先生のお好きなギャンブルもそうですね。

ムムム。自分はうまい。データを分析する能力が優れている。そう思っていそうだね。

それでは、どうすれば良いでしょうか。ダニング・クルーガー効果を乗り越えるのに。

まずはこういう効果があること、そして誰もが陥りやすいことを知ることだね。次は自分が得意な分野から他を眺めてみる。たとえばお医者さん。消化器内科、脳外科などいろいろな専門があり、自分の専門についてはとても詳しい。日常的に評価を受け、自身でもチェックする。専門ではない他の分野については、自分の分野から類推や想像ができる。それで他の分野について、自分がどれぐらいの知識をもっており、何が足りないか、何を知らないかがわかるだろう。

なるほど。そうすると他の分野については自然に慎重になる。自分で判断できることと、他の人に聞くべきことの区別ができるのですね。

そう。だから自分が専門の分野を考えてみる。科学でも、仕事、家事、趣味、何でも良い。自分が詳しい分野であれば、そうでない人がどういうことを知っているか、何を知らなくて何が足りないかがわかる。そこから、自分があまり詳しくない他の分野について考えてみる。それについての自分の知識がどれぐらいか、判断するためにはどういう専門家の、どういう意見に耳を傾けると良いか、こういうことを類推する。そして事実に基づき客観的に考える。

わかりました。やってみますね。

そういえば先日テレビで、大学に入った男の子が高校のときの同級生の女の子に告白する。それに密着する番組をやっていた。

面白そう〜。

それで男の子が花屋さんへ行って事情を話す。相談に乗った店長がいろいろな花を取り混ぜて花束をつくる。そして告白のときに花束を渡して大成功。

それは良かったですね。

いいや。ぜんぜんダメだね。店長さんが。ロマンチックな関係での花といえばバラ。これは世界共通だ。バラ以外は考えなくても良い。一本でも二本でも良いのでバラだけの花束を持っていく。これが鉄則。

フフフ。人にもよりますが、おっしゃることはよ〜くわかります。さすが先生。女性心理にはお詳しいですね。

いやいや。女性心理にこれで満足というところはない。どこまで行っても、常に克服すべき課題が出てくるね。

・・・・。

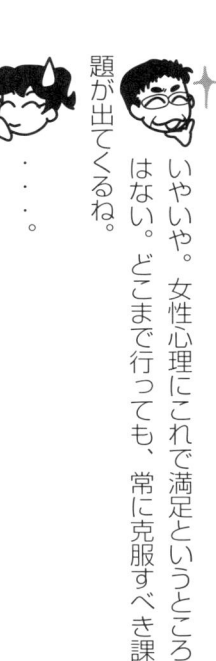

先生、
エネルギーに関係して
エントロピーという言葉を
良く聞きます
エントロピーとは
何でしょうか
乱雑さの
度合いだね

第37回 エントロピー

乱雑さの度合いをエントロピーというのですか。

そう。エントロピーは、ある温度で移動した熱をその温度で割った値だけ増減する量として定義される。

よくわかりません。熱が伝わるのと乱雑さと、どう関係するのですか。

自然界、つまり物理や化学では平均化しようとする力が働く。熱は温度が高い方から低い方へ流れる。そうすると高い方の温度が下がり、低い方は温度が上がる。同じ温度になると熱は流れなくなる。

なるほど。平均化ですね。

コップの水にインクを一滴落とす。かき混ぜなくてもインクは次第にコップ全体に広がっていく。これも平均化だ。インクが濃度の高いところから低いところへ移動していく。

乱雑さが増えるのですか。

うん。熱が伝わるのも、インクが拡散するのも、分子や電子がランダムに運動していることが原因。この結果、混ざり合う。平均化して乱雑さが増える。渋谷のハチ公前に学生を一〇〇人集める。ヨーイドンで学生がランダムに街を歩きだす。やがて一般の人に混じり合って学生がどこにいるかわからなくなる。

乱雑さが増えるということはエントロピーが増えるということですか。

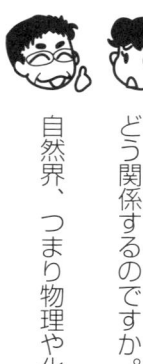

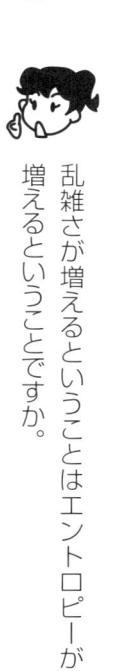

そう。熱が伝わる。インクが拡散する。人がランダムに移動する。すべてエントロピーが増えていく。何もしないと自然に乱雑さは増え、エントロピーは増えていく。これがエントロピー増大の法則。自然の基本法則のひとつだ。

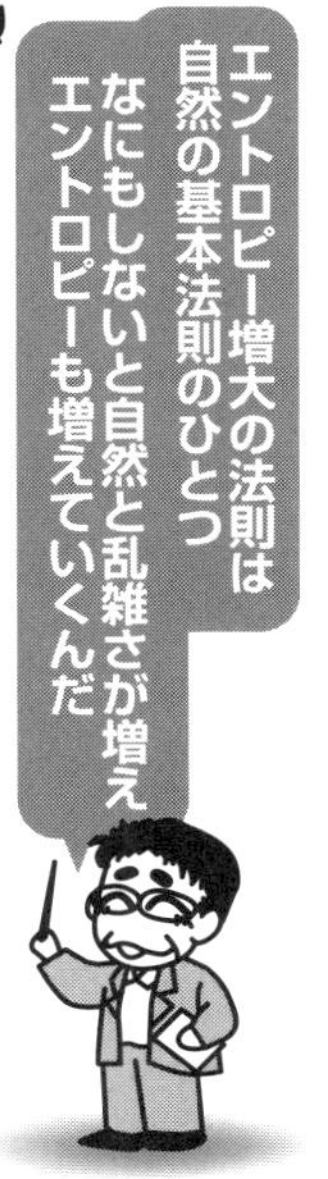

放っておくと部屋が散らかっていく。乱雑さが増えていく。これも自然の摂理ということですね。

ではエントロピーを減らすにはどうすれば良いだろうか。

部屋が散らかれば、片づければ良いです。

そう。外から手を加えれば良い。部屋を片付ければエントロピーは減る。熱の場合は片方を冷やしてもう片方を加熱すれば元の状態に戻る。インクが混ざった水は、蒸留して水とインク分子に分ければエントロピーを減らせる。

部屋の片づけなら簡単ですが、熱やインクを元の状態に戻すのはたいへんですね。

乱雑になったものを再び秩序化するには、大量のエネルギーと複雑なプロセスが必要だ。それに、元の状態に戻すことはできるが、外から加えたエネルギーやプロセスを含めると、全体ではエントロピーは増えてしまう。

エネルギーを使うとエントロピーは増えるのですか。

うん。エネルギー保存の法則からエネルギーはなくなることはない。実感ではエネルギーを使えばなくなるように思うが、それは、環境の温度とほとんど同じ温度の熱になって役に立たなくなったからだ。エネルギーは環境に薄く広がっていく。

どんどん乱雑になっていく。だからエントロピーは増えるということですね。

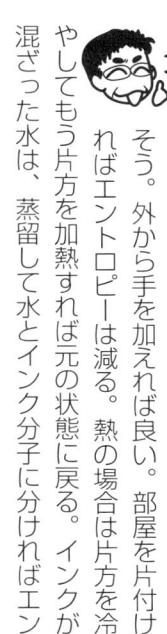

エントロピーという目で見ると、リサイクルやリユーズもまた違ってくる。

紙のリサイクルは定着してきました。使った紙を分別する。工場に運んで水に溶かして再生紙にする。

分別するにも、溶かして再生紙にするにもエネルギーが必要だ。資源としてはリサイクルになっているけれど、効率がそんなに良いわけではない。大量のエネルギーを使ってエントロピーを放出し環境を汚している。

熱やインクの状態を元に戻すのと同じですね。リサイクルは無条件に良いことだと思っていましたが、難しいですね。

もったいない運動も同じ。もちろん無駄遣いをしない。使えるものは使う。こういう考えは大切だ。でも電灯でも冷蔵庫、エアコンでも自動車でも、効率が悪い古いものを使い続けるか、それとも新しく効率良いものにチェンジしていくか。選択しなければならない。

使えるものであっても、LED電球に替える、効率の良い冷蔵庫に切り替える。その方が、電気代を含めてコストの点からもエントロピーの点からも良いことがある。使えるものを捨てても、そう罪悪感を感じなくても良いということですね。倫理観も時代とともに変わらないといけないのかも。

現代のあらゆる人間活動は、エネルギーを使いエントロピーを増やし続けている。大量のエネルギーを使い、大量の物質を消費してゴミを散らかして環境を乱雑化している。

地球はやがてエントロピーまみれの墓場になるのでしょうか。

地球はエネルギー的に閉じているわけではない。太陽からエネルギーを受け取り、宇宙に熱を放射している。だからそう心配することもない。ただし、ここ数十年の人間の消費活動と人口増加による加速的なエントロピー増加は、長い地球の歴史で自然がもっていた修復機能をはるかに凌駕している可能性がある。環境への大量のエントロピー放出と都市部でこれがおびただしいというアンバランスによって、気候変動がどうなるか、

自然がどう衰退していくか。わからないことが多い。

何か対策はあるのでしょうか。

人間は部屋を片付けてエントロピーを減らすことができる。人間の活動に必要なエネルギーを考えると、このときもトータルにはエントロピーは増えている。でも、このプロセスはとても効率が良い。このように、乱雑化した環境を再秩序化する最も大きな力は生物だ。植物と動物は乱雑化したものから効率良く秩序を再生する高い能力をもっている。

乱雑化した環境を再秩序化する
最も大きな力は生物だ
自然保護・環境保護が大切なんだ

今こそ自然保護、環境保護が大切ということですね。

その通り。文明は山を伐採し、道路を舗装し、自然を消費し分断してきた。世界がますます高度なエネルギー利用に進んでいくにつれて、エントロピーという観点から、もう一度自然保護の位置づけを考えておくと良いだろう。

人間が乱雑化したものを自然が補ってくれている。自然は偉大ですね。

自然プロセスに広いスペースを与えることが大事だ。今後のエネルギーとして、太陽光や風力といった自然エネルギーへの期待は大きいだろう。しかしエネルギー密度が小さいので、大きな面積が必要になる。地表を覆い広い範囲の環境に影響を与えることになる。これが自然のもつエントロピー修復能力にどう影響するか。エネルギーシステムを広く薄く分散させるのが良いか、エネルギー密度が高い集中型とするのが良いか、エントロピーという視点からも検討する必要があるね。

そういえば母ですが、最近は自然食品に興味をもっているようです。

ハハハ。地中海ダイエット（第三〇回）からの自然な流れだね。でも本当の自然食品、自然にできるものはやせ細って固いものが多いはず。街で売られている自然食品は、栄養価は高いけど、大量の人手とエネルギーをかけている。不自然な自然食品だね。

先生、ショックです
どうしたの

第38回
安定性と脆弱さ

叔父叔母夫婦が離婚するらしいんです。三〇年間波風が立つこともなく、とても仲良く過ごしてこられました。わたしもあのような夫婦になりたいと思っていたのに。

残念だけど仕方ないね。こういうことは。安定性と脆弱さは裏腹のところがあるからね。

エッ。仲良く暮らしてきたことが離婚につながるのですか。

叔父さんご夫婦の内情は知らないけど、安定を保つために脆弱さが蓄積してきたかも知れない。

安定を保つことが弱さにつながることもあるんだ

お互いが努力して仲良く過ごしてきた。それがいけなかったということですか。

いけなかったということではないが。安定であろうと努力をする。そのときの小さな無理やささいな行き違い、何年もの間に溜まってきた可能性がある。同じようなことはいろいろなところに見られる。たとえばアメリカのカリフォルニア州でよく話題になる森林火災。火災を防ぐため常に監視する。そして火災が起こるとすぐに消火する体制を取る。

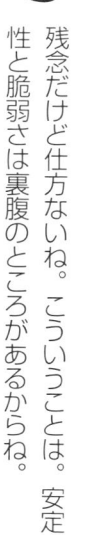

火災が起こらなくて良いのではないですか。

いや。火災は起こらないけれど、火災に対する森林の弱さ、脆弱さが蓄積していく。燃えることなく木が密生していく。本来なら雷などで燃えてしまう燃えやすい木もたくさん残ってしまう。そうすると何かのきっかけで、もう普通の消火体制では対応できない

ような大規模な森林火災が起こるようになる。

放っておけばときどき小さい森林火災が起こる。それで燃えやすい木が燃えてしまう。

それに、燃えたところは防火帯のようになって、火が燃え移りにくくなるからね。

う〜ん。森林火災が起きないようにしていることによって、脆弱さが蓄積されていく。いったん火災になると大規模になりやすい。小さな火災は必要悪かも知れませんね。

そう。経済も同じ。

やはり安定を保つことが弱さにつながるのですか。

どの国も、不況に陥らないよう、景気が後退しないように政府や中央銀行が介入をする。この介入は、かつての高度成長期には公定歩合を切り下げるだけで良かったのが、今は切り下げようがないぐらいに公定歩合が低い。だから通貨の買支えや金融支援を行う。このためには膨大な資金が必要になるので、国債の発行などで対応する。

経済は安定化するけれど、代償として赤字国債が残る。

それに、支援されたところの脆弱さは解決されないまま残ってしまう。ヨーロッパ共同体は、圏内経済の安定化のためにギリシャなど経済の弱い国に多額の財政融資を行ってきた。経済の見かけ上の安定性は保たれてきたが、実はその間ギリシャでは財政の粉飾や脱税がまかり通り、脆弱さが静かに拡大、定着していた。

それがギリシャの経済危機となっているのですね。そういえば、新聞の人生相談でも、誰かの借金の肩代わりをしてその人を助ける。するとますますその人は借金体質に陥って、結局何の解決にもならないとよく載っています。

そうそう。そしてどの国も同じように経済には脆弱さがある。安定を確保するための介入が日常的に続けられているからね。安定ではあるが、蓄積されていく脆弱さのために、いつカタストロフィックな経済崩壊が起きても不思議ではなくなっている。これに注意が必要だね。

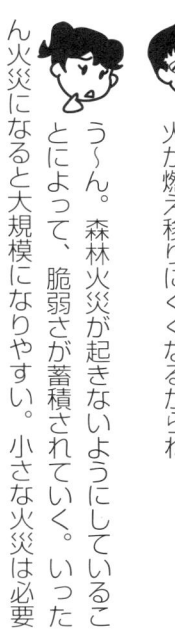

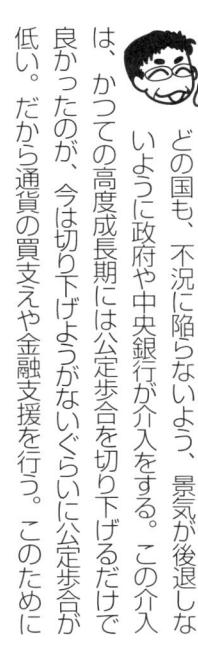

安定性と脆弱さは表裏一体なんだ

なるほど、安定性と脆弱さは表裏一体。わかってきました。

エネルギーも同じだ。福島事故から約四年の間、原子力発電所は再稼働に至っていない。しかし、電気は安定に供給確保されており、日常生活や産業に影響はないようにみえる。

だから原子力は必要ない、なくてもやっていける。こういう発言をときどき見かけますが。

しかし、この四年間でやっぱり内部に脆弱さが蓄積されている。安定供給のために高価な天然ガスを買わなければならない。石炭に頼る必要もある。そのため電力会社の体力低下から電気料金の値上げ、二酸化炭素放出量の増加が起こっている。

単純な見方は危ういですね。

安定性の裏にいつも脆弱さが潜んでいる。もうひとつ考えなければいけないことがある。条件や取り巻く環境が次々と変わっていくことだ。

そうですね。経済状況が変われば、国と国の関係も変わってくる。石油や天然ガスの値段は上がっていくでしょうし、途上国の経済発展も影響してくるでしょう。

国のエネルギー政策は、そういう不確かさを前提として戦略的に考えなければならない。戦略的というのはもちろん戦うということではない。条件が変わればこうする、相手がこう出てきたらこうする。状況に合わせ、相手に合わせて柔軟に考え計画すること。だから単に必要なエネルギーを供給するだけの政策ではまったく不十分だ。状況が変化した場合に対応できること、最悪の場合に何とかバックアップできること。これらを踏まえた政策を立てなければならない。

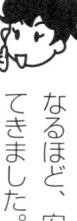

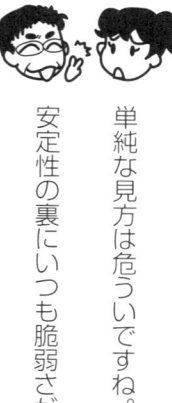

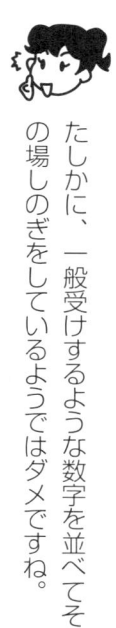

たしかに、一般受けするような数字を並べてその場しのぎをしているようではダメですね。

それで多様性だ。適材適所。いろいろなエネルギー源を分散活用する。将来に向けたエネルギ

―開発を進めることも大事だろう。

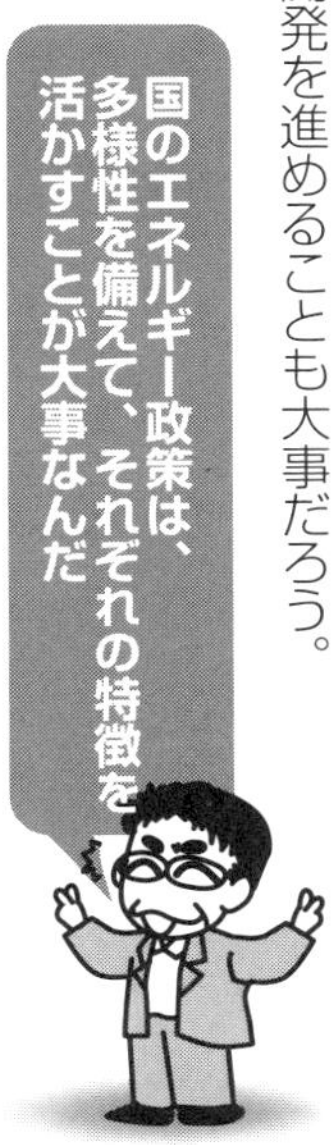
国のエネルギー政策は、多様性を備えて、それぞれの特徴を活かすことが大事なんだ

多様性を備えてそれぞれの特徴を活かす。人の組織も同じではないでしょうか。

その通り。四番バッターだけでは良い野球チームはできない。役割に応じた人を集めてチームをつくる。

そして、エースやキャッチャーがケガをした場合の対処法を考えておくことですね。

単一化は危うい。ところが学生の就職になると、企業が求める人材が単一化してきている傾向がある。成績もさることながら、元気にあふれてハキハキと説明することができる学生は何社からも内定をもらってくる。

就職ではコミュニケーション能力が一番大事と言われていますよ。クセのある学生はなかなか決まりません。

同じような人材ばかり集める。何もないときは良いが、新しい分野に踏み込む、方向転換が必要、こういうときに難しくなるかも知れない。そういえば女性もそうだよね。どういう男性を相手に選ぶか、これが単一化していないかな。

アハハ。それは仕方ないですよ。企業の採用と違ってひとりしか選べないですから。

なるほどね。

今日はありがとうございました。安定なこと、安定に保つことの背後に脆弱さがあること、安定に保つ努力やコストが増えていくことが良くわかりました。

そうなんだ。最初はシルバーのイヤリングや近くの温泉で良かったものが、だんだんと金がいい、いやプラチナかも、旅行なら海外のリゾート地となっていくからなあ。

必要なコストの増加ですね。

今日のテーマは
トレードオフですね
辞書によれば…と、
二律背反と
書いてあります
うん
それほど大げさ
でもないけど、
両立しない関係
そしてその間の
バランスをどう取るか
これをトレードオフという

第39回 トレードオフ

わかりやすいのは価格と品質の関係だ。

品質の良いものは価格が高い。安いものはそう品質を期待できない。う～ん。たくさんありますね。車や電化製品。高くなっていくと性能が良くていろいろな機能がついている。無駄な機能もありますけど。それと価格に幅があるといえば、洋服、お酒、お肉などもそうですね。高いものから安いものまで。お肉は高いほどおいしいです。

高い食材がおいしいのは当たり前。テレビ番組で芸能人が紹介する高級店の肉や魚。誰がどう料理してもおいしそうだ。

おいしいからといって毎日バカ高い肉や魚を買うわけにはいかないです。欲しいからといって誰もが外国製のスポーツカーを買えるわけではない。価格と品質を考える。どれぐらいの価格で、どれぐらいの品質のものにするか。これがトレードオフですね。

そうそう。

どれぐらいの価格で
どれぐらいの品質のものにするか
これがトレードオフなんだ

それなら先生の講義は特別料金を取っても良いのではないですか。

品質が高いからかな。ううう…うれしいねえ。

お世辞ですよ。お・世・辞。

ゴホン。大学の講義はさておき、本、新聞、CDのように品質と関係なく価格が決まっているものもある。品質の判断が人それぞれだからね。もうひとつ、多くの人は価格が高ければ品質が優れていると思ってしまいがちだ。これを逆手に取る場合もあるから注意が必要だ。

お布施やご祈祷料のことですか。

あ、今のはエネカさんの発言で～す。

ずる～い。先生が拝むようなフリをするから。

ふふふ。たくさんお布施やご祈祷料を出せばそれだけご利益も多いと思うのかな。神や仏がそんなにセコイわけはない。でもこれが悪用されることがある。バカ高い壺を買え、高級印鑑を買えとなってくる。

忘れたころに繰り返し登場する宗教がらみのサギ事件ですね。

そもそもトレードオフは、お金や時間などのリソースが無限ではないことから来ている。使えるお金や時間が決まっている。これを何に使うか、どう配分するかということ。だから子どもでもトレードオフの考え方は良くわかっている。

おこづかいですね。金額が決まっている。おもちゃも欲しいしお菓子も買いたい。何にどう使うか。時間も同じです。ゲームもしたいしテレビも見たい。勉強もしなきゃならない。毎日がトレードオフです。

ところが選挙になるとトレードオフはどこかへ飛んで行ってしまう。政治家がとんでもない公約を並べる。暮らしを守る、減税だ、福祉サービスを向上する、環境を保護しつつ経済成長だと。われわれ国民も、こういう不可能な組み合わせを望んでいるのだろう。

なるほど。福祉と減税はぴったりトレードオフの関係ですね。福祉の充実にはお金が必要。その財源を確保しなければならないですから、減税はできなくなる。環境保護と経済成長も簡単には両立しなさそうです。

現実の社会は子どもの世界と同じ。トレードオフであふれている。エネルギーの選択はもちろんトレードオフだ。エネルギー源としてのコスト、環境への影響、安定性などを天秤にかけて適切なエネルギー源とその組み合わせを追求する。エネルギーと同じく、社会の問題のすべてはトレードオフを考える問題だ。数学のように答があって、それを求めるのではない。いろいろな条件の中でトレードオフを探すのが問題解決ということ。これを間違えないようにしなければならない。

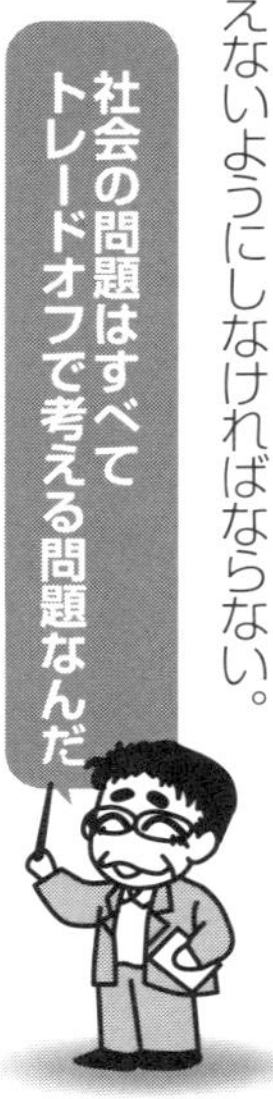

福祉と課税の関係がそうですね。受け入れられるバランス、トレードオフを探す。ところが、どんな問題でもこれが答だと声高に叫ぶ人が出てきます。やっかいだし信用できません。

経済では、これまで正しいと思ってきたトレードオフの考え方を変えないと理解できないことが出てきている。

どんなことでしょうか。

情報やソフトウェアには価値がある。これらの値段と販売数はトレードオフの関係にある。

高いと売れませんし、安いとたくさん売れますが収益は上がらない。だから収益が多くなるようにトレードオフで値段を決める。

じゃあ、情報やソフトウェアを無料で配ったらどうだろう。

収益ゼロですから意味がありません。社会貢献にはなるかも知れませんが。

ところが今は無料で配るビジネスモデルが出てきている。情報を無料でホームページに公開する。そうするとたくさんの人が閲覧に来る。みんなが見るのであればと、そこへ新しい情報の提供がある。お金を出すからコマーシャルをホームページに貼って欲しいという申し出がくる。

あ〜。クラスのツイッターもそうですよ。こまめに休講情報などをツイートする人が出てきて、結局、その人を中心に情報が回るようになります。

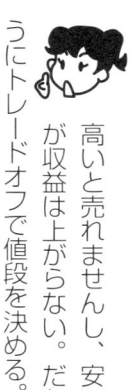

ネットゲームも同じ。最初は無料で始められる。ハマってくるあたりで課金が発生するようになっている。もうひとつは収穫逓増。

えっ。経済では収穫逓減と習いましたが。

ラーメン屋さんの数と一軒当たりの収益。これはトレードオフの関係にあるよね。

数が多くなると一軒当たりの収益は下がる。当然です。これが収穫逓減です。

ところが池袋のように有名なラーメン屋さんが集まってラーメン激戦区と呼ばれるようになる。そうなると、おいしいラーメンを食べるなら池袋だ。じゃあ行ってみようとなる。ますます客が増え、一軒当たりの収益も上がっていく。これが収穫逓増。

ラーメンが無性に食べたくなってきました。

ははは。ラーメンを食べるとピザはあきらめなきゃならない。人生はすべからくトレードオフだ。何かを選択し、それにお金、時間、努力を費やす。このとき他の選ばなかった選択肢を犠牲にしていることになる。

それは仕方ないです。

情報の充実が問題だ。放っておいてもいろいろな情報が入ってくる。あれをやりたい、これもやりたい。あのレストランはおいしそう、あそこへ旅行したい。あの映画は面白そう、あのコンサートも行ってみたい…。

選択肢が無数にありますね。

そう。でも無数の選択肢を気にする必要はない。結局は何かを選択する。すべてのことをできるわけではないこと、欲しいものがすべて手に入るわけではないことを知っておくこと。これが大事だ。

不満の渦に落ち込んでしまう。どうすれば良いか、どうすればできるか。こんなことを考える必要はないということですね。

声高に叫ぶ人たちもね。

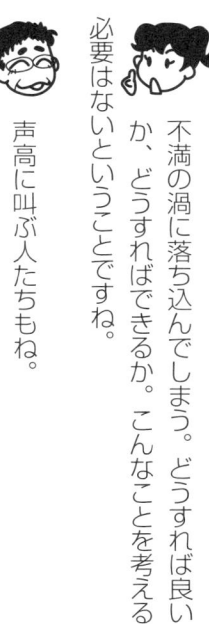

先生、テレビドラマは何か見ておられますか
うん
「花咲舞が黙ってない2」を見ているよ

第40回 視聴率

ふ～ん。強い女性が好きそうですもんね。

もんね（笑）。テレビドラマがどうかしたの。

軒並み視聴率が低いそうです。今期のほとんどのドラマの視聴率は一〇％程度かそれ以下。どうしてかと思って。

難しい問題だからなあ。どんなジャンルにするか、ストーリーはどうか。ありきたりの内容では注目されないし、でもやり過ぎるとリアリティがなくなる。

制作陣は一生懸命にストーリーを考えるのでしょうね。どんなものが視聴者に受け入れられるか。ヒットするか。ここを制作陣が読み間違えているのでしょうか。

いや。経験豊富な専門家集団だし、リサーチもしっかりやっているはずだ。うまくいかないのは、制作陣の思惑と視聴者の受け取りが違うことにあるだろう。制作陣はストーリーのすべて、展開やネタ、オチを知っている。そして提供する側の理屈で視聴者にアプローチする。どうだ、面白いだろうってね。

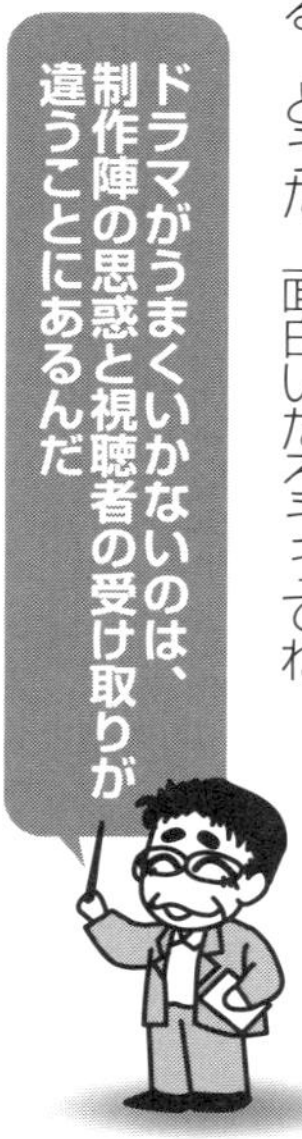
ドラマがうまくいかないのは、制作陣の思惑と視聴者の受け取りが違うことにあるんだ

そうか。受け取る側は展開やオチは知らないですね。知ってしまったら見ないですから。

視聴者は受け取った情報からストーリーを推定

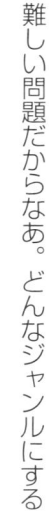

し、仮定し、解釈する。制作陣の意図と違って受け止められることも多いだろう。

それで見るか見ないか判断されてしまう。

もうひとつ大事なのはコンテクストだ。

周辺の状況や流れということですね。

そう。ストーリーは社会状況に合っているか。特定の人、特に弱者を傷つける内容ではないか。出演者の人気や知名度、演技力はどうか。

だからですね。悪い側は決まって大企業や政治家、官僚。そして演技力がなくても人気があれば…

そこまでにしておこう。さらにドラマが社会に出ると、流行、評判、ランキングなどで評価を受け序列が付けられる。ストーリーにこのようなコンテクストを合わせたすべてのことが、そのドラマに対する視聴者の受け取り方、視聴者の認知に影響を及ぼす。

なるほど。うまくいかないのは、ドラマのクオリティが低いとか制作陣が視聴者の好みを読み違えているとかではない。視聴者の認知がどのようなものか、そこで何が起こっているかがわからない。

制作陣もわからないし、視聴者自身もわかっているわけではない。とにかく、良いドラマをつくればよいという単純なことではない。社会に出してみないとわからないし、エッと思うようなドラマがヒットすることもある。

難しいですね。

同じことがすべてのコミュニケーションに当てはまる。人と人のコミュニケーションもそうだし、企業や行政が行うPR、理解活動も同じだ。

ストーリーや認知と関係するのですか。

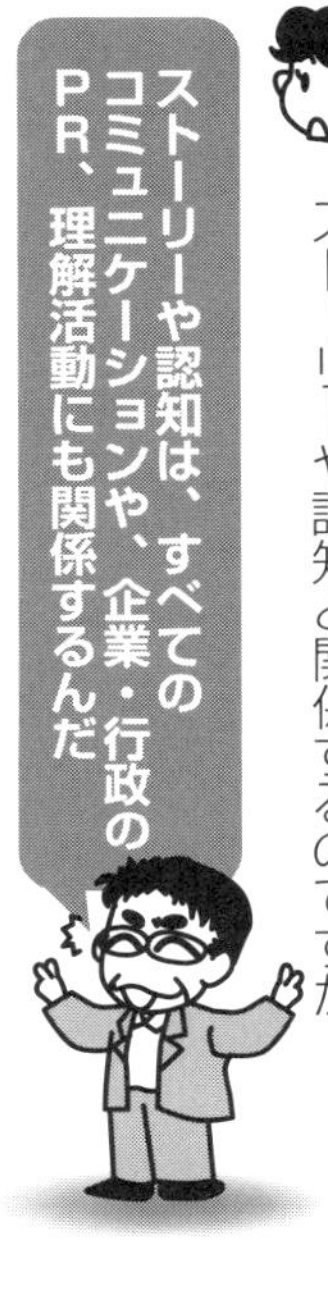

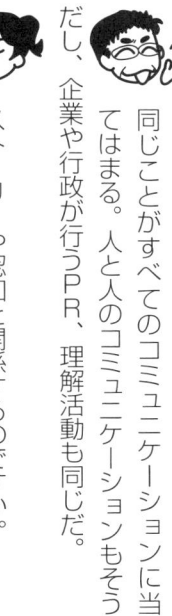

そう。ストーリーとはドラマの筋書き。そこに情報や内容を詰め込む枠組み、組み立てのことだ。コミュニケーションはストーリーに載せて伝えられる。

そうであれば、まずは面白くなきゃいけない。そして受け取る人の認知を考える。受け取った人がストーリーをどう理解し、どのように意味を取るか。

受け取ったストーリーから、社会的なコンテクストの中で意図、関連性、重要性などを推定する。誤って解釈することもあれば、一部分を無視することもある。

内容が誤解されることなく、効果的に伝わるようストーリーを考える必要がありますね。

ところが、多くのコミュニケーションは受け取る側の認知を考えていない。ドラマと同じように提供側の視点だけで行われる。提供側は内容を良く知っている。それで、こんなに良い商品なのに、こんなに安全なのにどうして理解してくれないのか、どうしてわかってくれないのかとなってしまう。

父がよく母から「理屈じゃないのよ」と一蹴されています。

目に浮かぶね。そういうときのお父さんの不満、思うように視聴率が出ないときのドラマ制作陣の不満は、たくさん社会に渦巻いている。商品のアピールをはじめとして、原子力の必要性や安全性の説明、食品安全についての説明、安保法制のような政策についての理解促進などだ。担当する人たちはうまく伝わらないこと、理解が進まないことに不満をもっているだろう。

人間の認知について考えなければいけないですね。

そうだね。われわれは、人間は正しい情報を与えればそれに基づいて合理的な判断をする、と思い込んでいる。これが間違いだ。人間は複雑な認知構造をもっている。お母さんの「理屈じゃないのよ」というのも、こういった複雑な認知のねじれのひとつだ。

じゃあ、母が理不尽というわけでもないですね。

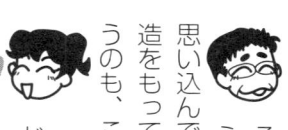

アメリカでは、乳幼児のワクチン接種が自閉症を引き起こすという話が広まっている。

アメリカでそんなことを信じる人がいるのですか。

ある医師が発表した研究論文が原因だ。調査によりその論文はデタラメとわかった。論文は削除され、その医師の医師免許は剥奪された。その後、多くの医療機関、医療関係者がワクチン接種と自閉症に関係はないと懸命に説明し、誤解を解こうとしてきた。しかし効果はあまり出ていない。今でもワクチン接種を拒否する親がたくさんおり、このせいで麻疹の流行がときどき起こっている。

いったん広まってしまった誤解はなかなか解けないですね。それなら日本も同じです。放射線はほんの少しでも害がある、発がん性物質はほんの少しでも許容できない。こう信じ込んでいる人に理屈を説明して理解を得る、というのはとても難しそうです。

認知のねじれをもうひとつ紹介しよう。人間は賞賛をスルーしやすく、批判を重く受け止める傾向がある。女性は「きれい」と一〇〇〇回言われても信じないが、一回でも「太っている」と言われると一生忘れないそうだ。

お言葉を返すようですが…

待ってました！　よっ、大統領。

あ、いえ。当たらずとも遠からずかも。

誰でも批判を重く受け止めてしまう。単なる認知のねじれのせいだ。批判を思い悩む必要はない。でも特に子どもについては気を付けなきゃいけない。褒めて育てるような社会になったことは素晴らしい。良いところは褒めてあげよう。しかし批判にも気をつけた方が良い。子どもが欠点を指摘されたり悪口を言われたりすると、長い間の隠れたダメージになる恐れがある。大人よりずっと弱いからね。

周りが気を付けてあげないといけませんね。先生は褒められると弱そうですね。

批判はスルー。賞賛だけを重～く受け止めているからね。

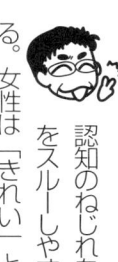

第41回 リスクリテラシー

リスクリテラシー。リスクを読み書きするように自在に扱う能力ということですか。

そう。リスクを理解し判断や行動に活かしていく。こういう能力が大切なんだ。社会や身の回りにリスクがあふれているからね。

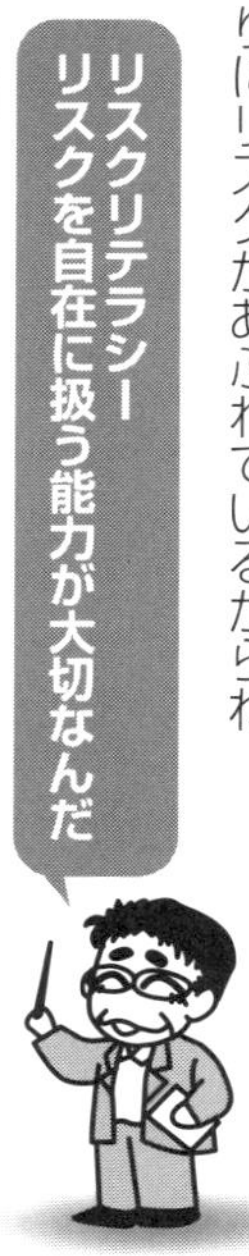

ギャンブルに保険、天候、病気、事故…旅行や結婚もリスクといえばリスクですね。

あらゆることにリスクがある。ところが人間はリスクを扱うのがそう上手ではない。たとえばサメ。海水浴場にサメが現れる。大騒ぎになる。

アメリカのフロリダでときどき報道されます。今年は茨城県でサメが見つかり、周辺が遊泳禁止になりました。

サメによる死者は世界で年間数名ほど。数字からはそう大きなリスクではない。

う～ん。でも恐怖感がありますし、もし人間に被害が出ると衝撃的ですから。

映画「ジョーズ」の影響もあるしね。もちろんサメを怖がらなくて良いと言っているんじゃないよ。しかし、リスクのバランスを考えることは必要だ。サメに比べれば犬やハチの方がリスクは大きい。同じように、テロや地震のリスクより交通事故、火災、転倒などのリスクははるかに大きい。一方で狂牛病騒動のときの全頭検査のように、限りなくゼロに近いリスクをさらに下げるのに莫大なコストをかけたりする。

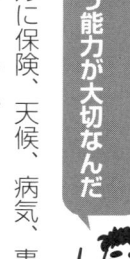

たしかにバランスが悪いです。どうしてでしょうか。

人類の歴史と関係している。人類は誕生以来、何十万年もの間、動物を狩り木の実やキノコを集める生活をしてきた。この中で自分を危険から守る本能が身に付いた。

獰猛な動物、毒をもつ生物や植物、断崖や落とし穴なんかですね。

そう。死を免れる。生き延びる。そのためにこのようなリスクを避けてきた。簡単に理解も感知もできるリスクで、身の回りの近いところで、そのときどきに起こるリスクだ。ところが、現代社会のリスクはとても複雑になっている。

リスクがわかりにくくなっているのですね。すぐに影響が出るものではないリスクや直感ではわからないリスク。

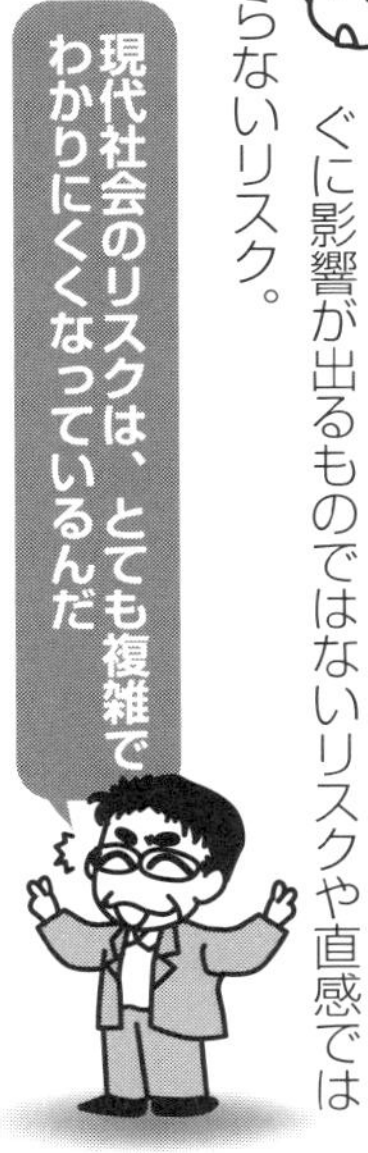
現代社会のリスクは、とても複雑でわかりにくくなっているんだ

だから刺激的なリスクを過度に恐れ、一方で平凡なリスクを過小評価しがちになる。

そうですね。リスクといえばまず健康です。毒物はすぐに影響が出るのでわかりやすいですが、食生活で残留農薬や有機重金属がどのようなリスクになるか。直感ではわかりません。

農薬や重金属もリスク要因だが、日本人はまず塩分の摂り過ぎが大問題だね。

お漬物やお味噌汁は塩分豊富です。ラーメンの汁を飲み干す人もいます。

外食は得てして味付けが濃く、塩分が多いから避けた方が良い。たしかエネカさんのお母さんは健康志向だったよね。

そうなんです。料理はかなり薄味です。でも外食は大好きで、ストレス発散の効果が塩分のリスクを上回ると言っています。

やっぱりね。金融や投資のリスクも知っておく必要がある。ウマい話がありますよとか、電話がかかってきてマンション経営がと言われると、リスクの匂いがプンプンする。

投資は一種のギャンブルと考えるべきです。常にリスクがついて回ると。

現代社会を暮らしていく上でリスクは避けられない。健康やお金、そしてあらゆる面でリスクがある。自分自身で対応していかなければならない。誤って判断すれば生命や資産が危険にさらされる。でも、われわれはそう正しくリスクを捉えているわけではない。サメは恐れるが車は恐れない。残留農薬は恐れるが、塩分は恐れない。ウマい話は恐れるが、金融機関の投資アドバイスやリボ払いは恐れない。

リボ払いは羊の皮をかぶった狼、悪徳ローンという評判ですよ（個人の意見です）。最初からデフォルトでリボ払いになっているクレジットカードがありますから注意した方が良いです。

リスクリテラシーを教育に取り入れるべきだ。いろいろなリスクがあること、確率や不確かさで決まる世界であること、そして現実をどう考えるべきかを学習する。確率的、統計的な思考を身に付ける。

そうすれば現実とかけ離れて何かを恐れたり、逆に現実には起こりそうもないことに希望をかけたりすることを防げますね。

競馬はロマンではないし、宝くじの一等賞に当たることはまずないとわかる。マスコミで垂れ流される恐怖話の程度を判断できるし、絶対安全だ、安全神話だとかの修辞学的な議論に時間と労力を費やさなくてもよい。

そして事実に基づいて客観的に理解し判断する。

新しいイノベーションを生み出すにはリスクを取ることも必要なんだ

一方で、リスクを回避してばかりではいけない。新しいものをつくって進歩を図る。こういうイノベーションを生み出すにはリスクを取ることも必要になる。

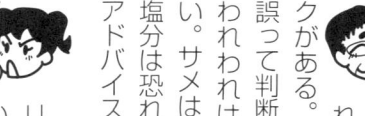

ふふ。虎穴に入らずんば虎児を得ず。

そうそう。アイデア、価値、ビジネス、社会。これらを前へ進めるにはリスクがつきものだ。リスクを恐れてばかりでは進歩できなくなる。ベンチャーの起業に資金援助をするアメリカのベンチャーキャピタリストが、リスクの適正なレベルはどれぐらいかと質問されて答えている。自分が支援したプロジェクトの一〇％以上が成功したときには、十分なリスクを取っていなかったと反省するとのことだ。

リスクを取らないとありきたりのプロジェクトになってしまう。もっとリスクを取るべきだったということですね。

日本では大学や研究所は研究費の多くを競争的資金に求めるようになってきている。研究計画を提出して審査を受ける。競争にパスした研究に研究費が付く仕組みだ。さて研究計画には何を書くでしょうか？

どういう研究をどのように進めるか。それがいかにチャレンジングな研究か。こんなところですか。

それに加えて、どんな成果が出てくるか、その研究がうまくいくと考える根拠は何か、研究の成果が社会のどこにどう役立つか。こんなことまで書かなければならない。研究を始める前に。

いかにリスクがないかを説明しなければならない。それじゃあ結果が見通せる研究、結果がわかっている研究しか通らないですね。

それで安全パイの研究が多くなってしまう。そしてほとんどすべての研究が成功する。成功率は何と一〇〇％。

全部が成功っておかしくないですか。科学技術はもっと大胆にリスクを取るべきですし、科学者、技術者は野心的である方が良いです。

その通り。そして誰もがイノベーションに対して常にオープンであること、心を開いておくことが肝要だね。

エコーチェンバーのエコーって、カラオケなどのエコーのことですか

第42回 エコーチェンバー

自分の声を残響として響かせるのがエコー。お風呂で歌っても同じだね。自分の声が壁で反射して戻ってくる。エコーがかかって上手に聴こえるんだね。

それでは、エコーチェンバーとは、お風呂のようにエコーがかかる部屋ということですか。

そう。残響室。この言葉を比喩的に使っている。男の子が数人集まる。みんな同じアイドルのファンだ。誰かがその子をカワイイ、歌もうまいとほめる。すると、そうだそうだ、ぼくもそう思うとなる。

なるほど。ひとりが意見を出す。エコーのように同じ意見が次々と戻ってくる。そして全体で盛り上がっていく。中学生ぐらいの男の子でしょうか。可愛らしいですね。

エコーチェンバーとは、ひとりが意見を出すと、エコーのように同じ意見が次々と戻ってきて、そして全体で盛り上がっていくことだ

これがエコーチェンバー。いろいろと社会で起こるようになっている。インターネット時代になって、情報の流れと意見交換が活発に行われるようになったからだ。民主主義の障害になる課題だね。

えっ。情報と意見が活発に流れることは、民主主義にとって好ましいと思いますが。

もちろん、情報と意見の流通は民主主義にとって良いことだ。アラブの春のような変革が起こったのは、電子メールやツイッターなどソーシャルメディアによる情報交換の影響が大きい。

じゃあ、どうして障害になるのですか。

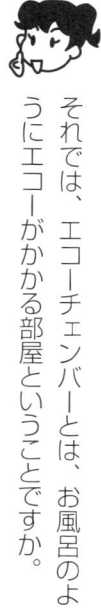

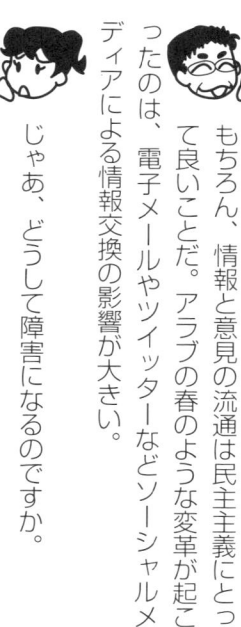

インターネット全盛で多様な情報が社会にあふれ、いろいろな情報に簡単にアクセスできるようになった。いろいろな情報が得られることは、決して人がいろいろな情報を得ることを意味していない。選択肢が多くなるので情報を選ぶことができるようになる。すると、自分が得たい情報、自分の意見や考え方に合った情報だけにアクセスするようになる。

自分の考えに沿うニュースだけを読み、自分の意見と合うサイトの情報だけをチェックする。まあ、その方が心地よいですから。

さらにソーシャルメディアだ。同じ考えの人でグループをつくり、考えの合う人のツイッターをフォローする。同じ情報が流れ、同じ意見が飛び交ってひとつの考え方が強化されていく。これがまさにエコーチェンバー。

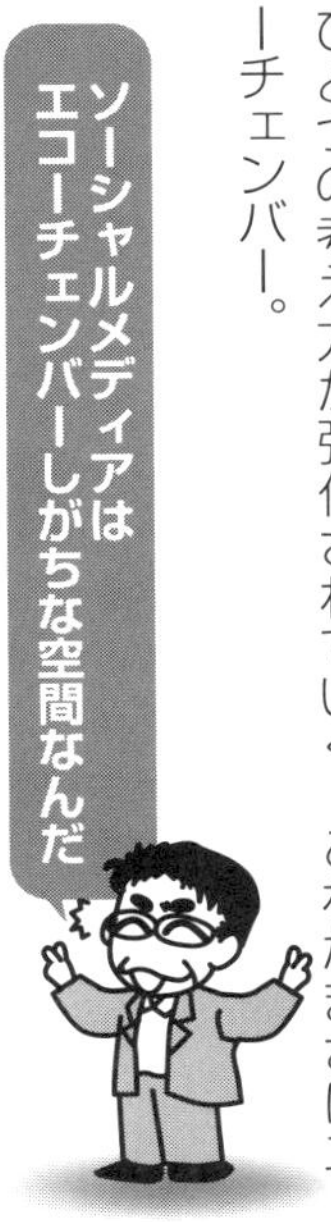
ソーシャルメディアは
エコーチェンバーしがちな空間なんだ

何か意見を言えば、それに賛同する意見が次々と返ってくる。同じような情報がぐるぐると回る。本来はいろいろな情報があり、さまざまな考え方があるのに、グループの中は特定の考え方で固まってしまう。そして別のグループとは情報も意見も交換しない。

政治信条や社会問題がエコーチェンバー化しやすい。同じ意見の人がグループをつくり固まっていく。いろいろな意見のグループに分かれ、社会が分断されていく。

先日の安保法案の国会審議。議論がかみ合わないままだったですね。

そうそう。どんな手を使っても、なんて聞こえてきたから、てっきり暴力団の抗争のことかと思っていた。ところが国会内の話だった。

放送局によっては、安保法案反対に偏った報道だったと指摘され、社長が釈明会見をしておられました。

エコーチェンバーになってしまうと、つながっている相手はみんな同じ意見だ。そうなると、四方八方がその放送局の意見と同じに見えてしまう。社会全体もそうであるように思ってしまう。自分の声は社会の声。聴きたい声が聴こえてくる。まさに神の領域だね。

先生、チャカさないで。そういう放送局内では違う意見を言えないでしょうね。

もうひとつ気をつけるべきことがある。情報があふれているので、マイナーではあるけれど、誰がどう考えてもオカシな話が流れる。オカルト話やインチキ商品、超常現象などだ。ネットでは高価で怪しげな水が売られ、根拠のない民間療法が宣伝されている。

カチャカチャと。あ、ホントだ。波動水に水素水があります。そういえばお気の毒ですが、末期ガンの芸能人が金の棒で体をさすっていたとの報道がありました。

どんなインチキもこれは正しい、こんなに効果があるというサイトが存在する。同じようなサイトがリンクでつながっている。そういう中に取り込まれ、だまされてしまう人がでてくる。その手のサイトだけを回っていると真実のように思ってしまうからね。怪しげな新興宗教の誘いやイスラム国の戦士募集もまったく同じだ。

う〜ん。みんなが知らないのに、自分だけが知っているという優越感も働きそうですね。気をつけなきゃ。

アメリカでは、政治信条によるエコーチェンバーがライフスタイルに及び、リベラルと保守でライフスタイルまで違ってきている。

どのようにですか。

リベラルはカフェラテを飲み、ヨーロッパ製の車に乗り、銃を持たず、神にあまり祈らず、ブルースやジャズを聴く。保守は普通のコーヒーを飲み、アメリカ製の車に乗り、銃を所持し、神に祈り、ゴスペルやカントリーを聴く。

面白〜い。

もちろん個人差がある話だが、傾向があることは確認されている。アメリカ人にラテリベラルと言えばネタとして通じるよ。

ラテリベラルですね。アメリカの留学生に聞いてみます。

社会、組織、グループが意思決定をする。良い意思決定をするにはいろいろな情報、意見、アイデアに接することが第一条件だ。それも別々のところからの独立性の高いものが好ましい。

情報やアイデアが同じになってしまうと、それらだけがぐるぐると巡り巡る。どんどん強化されていき、そこから逃れられなくなりますね。

組織やグループが同じ情報、同じ意見だけになってきたら気をつけた方が良い。あれっと思うべきだ。他の情報や意見がないかチェックする。組織の外、グループの外に情報やアイデアを求める。圧力を感じることなく違う意見を出せることも大切だ。

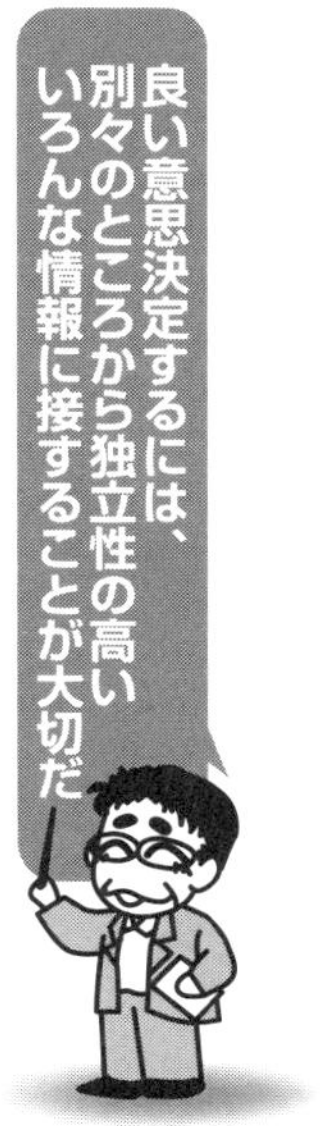

わが家では母の意見だけがぐるぐる回ることが多いです。父にがんばるように話しておきます。

社会にはいろんな人がいて多様な意見がある。当然の話だ。だから議論を通して意見を交換する。反対意見の人に耳を傾け、懸念に対して説明し、代替案を示す。そして社会的な合意を目指す。妥協、寛容、中庸ということも必要になってくる。

ところがエコーチェンバー。情報と意見が飛び交う時代なのに、社会が分断されてしまう。意見が交換されなくなり、あげくにどんな手を使ってもとなる。

社会がこれをどう克服していくか。難しいけれど重要な課題だね。

先生、帰りにスタバへ寄りましょうね。

じゃあ、ぼくはキャラメルマキアートで。

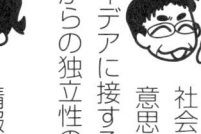

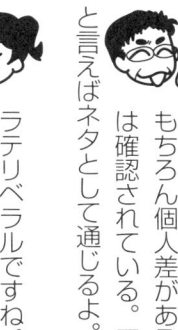

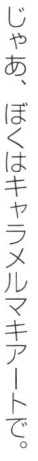

今日は
ベイズの定理
について、教えて
いただけませんか
え、いいけど
どうしたの？

第43回
ベイズの定理

友だちのお母さんです。乳がんのマンモグラフィ検診を受けたら陽性だったとのこと。友だちがインターネットで乳がん検診を調べたら、ベイズの定理というものが出てきたそうです。でも、良くわからないので先生に聞いてほしいと。

わかった。ベイズの定理は一八世紀にイギリス人牧師のベイズによって発見された。ふたつのことが同時に起こる確率が、どちらから考えても同じことを使って、条件付き確率の間の関係を表したもの。

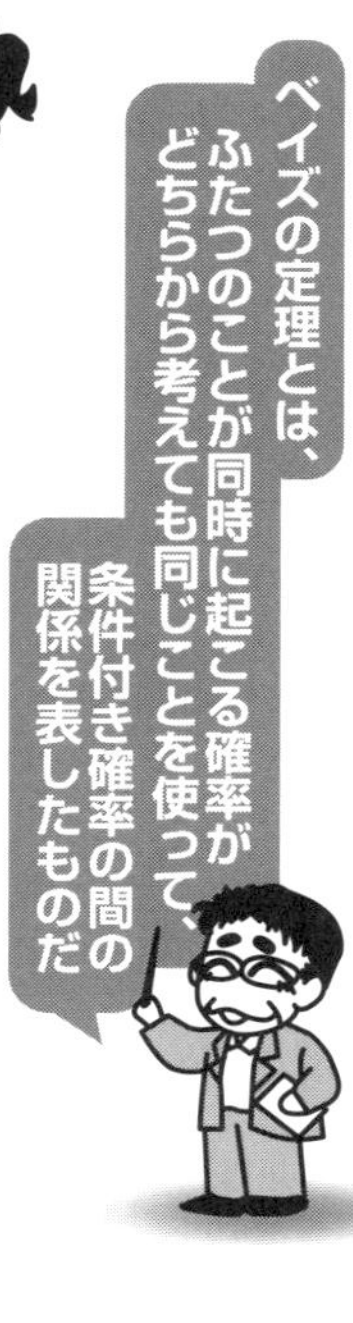
ベイズの定理とは、
ふたつのことが同時に起こる確率が
どちらから考えても同じことを使って、
条件付き確率の間の
関係を表したものだ

ややこしいですね。

いや。当たり前のことを当たり前に書いた式だ。後々になって推論の強力な道具であることがわかってきた。ベイズの定理を使って、ある出来事の確率を新しく得たデータや情報で修正していく。今ではいろいろなところに使われている。

すみません。今ひとつわかりませんが。

じゃあ、がん検診で話をしよう。がん検診は検査によってがんの人とがんではない人を分ける。こういう検査では必ず偽陽性と偽陰性の問題がある。

知っています。がんではないのにがんと診断されるのが偽陽性、がんなのにがんではないと診

断されるのが偽陰性です。

そう。両方ともゼロにできれば良いが、検査効率と判定基準の問題がある。偽陰性を減らそうと基準を緩めれば偽陽性が増えてしまう。逆に基準を厳しくすると偽陰性が増える。

どちらも減らしたいですが仕方ないですね。

乳がんの場合を見てみよう。マンモグラフィ検診は八〇%の確率で乳がんを見つけられる。じゃあ、陽性と診断された人が乳がんである確率はいくらだろうか。

もちろん八〇%ではありませんか。

多くの人がそう思うが、まったく間違っている。偽陽性と偽陰性を考えなければいけない。検査の精度は八〇%。残りの二〇%はがんなのに見過ごされてしまう偽陰性だ。一方で、がんではないのにがんと診断されてしまう偽陽性がある。この確率は一〇%ぐらいだ。さて年齢にもよるが、乳がんを患う人の割合を一%としよう。

どう計算するのですか。

ベイズの定理を使うんだが、確率で考えるとわかりにくいので人数で考えよう。一〇〇〇人が検診を受けるとする。この中で乳がんの人は一%だから一〇人。残りの九九〇人は乳がんではない。マンモグラフィで陽性と診断されるのは乳がんの人の八〇%だから八人だ。偽陽性の人も陽性と診断されるからそれを加える。

偽陽性は、実際にはがんではない九九〇人のうち一〇%ですから九九人です。乳がんと診断されるのは八人と九九人を合わせた一〇七人です。

一〇七人のうち本当に乳がんの人は八人だけ。つまり陽性と診断された人が本当に乳がんである確率は八割る一〇七で七・五%だ。

へえ~。陽性と診断された人が乳がんである確率は八〇%ではなくて七・五%なのか。

ベイズの定理では事前確率、事後確率という言葉を使う。検診を受ける前は、乳がんである確率は乳がんの人の割合だから一%。これが事前確率だ。検診を受けて陽性と診断された。このことを反映した確率が七・五%で事後確率になる。乳がんである確率は一%よりは上がるが、いきなり八〇%になるのではない。

なるほど。ある出来事の確率がある。新しく検査の結果や情報が得られる。それをベイズの定理で反映していく。

日常生活も科学技術もいろいろな推定や予測で成り立っている。新しいところに引っ越した。近くに高校があるそうだ。何も情報がないので、その高校の生徒の男女比は一対一と予測する。通勤の途上でその高校の生徒を見かける。昨日見た三人は全員女生徒で、今日見た五人も女生徒ばかりだった。だんだんと女生徒が多いのではないかと考えるようになる。

そしてついには女子高だったとわかる。先生らしいオチですね。

ふふ。観測したデータから推論によって予測を変えていく。ベイズの定理は迷惑メールのフィルタリングにも使える。

勝手に送ってくる迷惑なメールですね。それを自動的に振り分けてくれる。

メールに書かれている言葉を分析する。秘密とか投資とかが入っていると迷惑メールの可能性が高い。秘密という言葉が通常のメールに入っている確率と迷惑メールに入っている確率を求める。全メールの中で迷惑メールが占める割合もわかる。そこでベイズの定理を使えば、秘密という言葉が入っているメールが迷惑メールである確率を計算できる。

何の秘密だよっ、とツッコミたいですね。ともかくそれが高い確率になる。それで秘密という言葉が入っているメールを迷惑メールに振り分ける。

ベイズの定理は、得られた情報を事前確率にどう反映していくかの指針だ。新しい情報が得られたら、それを反映して古い予測を修正していく。しかし、新しい情報にとらわれて古い予測を捨ててしまってはいけないし、逆に新しい情報を無視してしまってもい

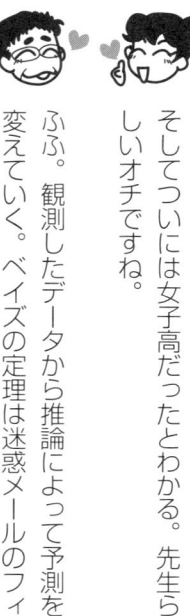

けない。

両方のバランスが、そして客観的な判断が大事ということですね。

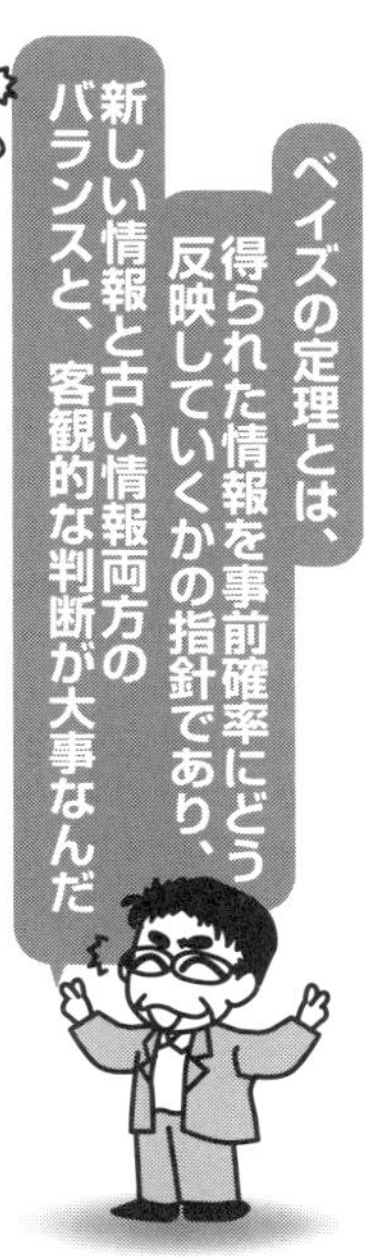

そう。データや証拠が集まるにつれて、予測を最も強く推定されるものに修正していく。そういえば、しばらく前に北斗晶さんの乳がん報道があったね。

彼女は毎年乳がんの検診を受けて陰性だったのに乳がんになっていた。それで手術を受けてがん治療に入る。こういう報道でした。ご本人から、みなさんがん検診を受けてください、という悲痛な呼びかけがありました。

お気の毒だが、がん検診を呼びかける話になってはいけない。おそらく偽陰性だったのだろう。だから検診で陰性になっても、がんであることがある。こういうメッセージを送るべきだ。

検診で見逃したわけですから、がん検診を受ける呼びかけは、つじつまが合いません。

マンモグラフィは若い女性には不要というのが世界の動向だ。一般の人は、がん検診をできるだけ受けるべき、がんはなるべく早く見つけるべきと思っている。しかし、過剰診断の問題もあって、違う意見の医療関係者が増えている。そしてもうひとつ。ひとりのことを全体に展開するには余程の注意が必要だ。

ひとつの例で全体を議論するのは危ういです。

そう。統計的な意味はない。社会制度を良い方向に変えようとする。これじゃ困るとひとりの人が出てくる。ある人が滝に打たれ苦行をした。そうしたら病気が治った。ある人が放射能の除染作業で働いていた。放射線の影響でがんになった。

統計を考えないと判断できませんね。今日のお話、友だちに説明しておきます。

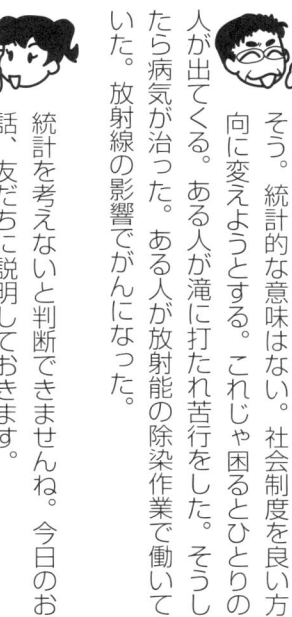

先日、クラスで学生のゼミ配属があったのですが、もうたいへんでした
人気のあるゼミに希望が集中するからね

第44回 安定マッチング

そうなんです。希望者が人数の枠内だとそのゼミに決まります。希望者が多いとジャンケンになります。ジャンケンに負けちゃうと空いているゼミになるのですが、それなりに面白そうなゼミはもう埋まってしまっています。

人気の高くて行きたいゼミに希望を出すか、すんなり入れそうな別のゼミにして安全に行くかだね。典型的なマッチングの問題だ。

マッチングですか。学生とゼミを結びつける。

社会にはマッチングの問題がたくさんある。会社で新入社員をどういう部署に配属するか、宿舎をどう割り当てるか。プロ野球のドラフト制度もマッチングだし、高校や大学の入学試験、学生の就職活動、恋愛や結婚もマッチングだ。

何かを選び何かに選ばれる。

そうそう。ゼミ配属と同じで、みんなそれぞれ希望をもっている。どこへ行きたい、誰と結婚したい。すべての人の希望を満たせれば良いが、そうはいかない。だから公平性や全体の満足度を考えてマッチングを決める。

それでジャンケンや成績で決めるのですね。

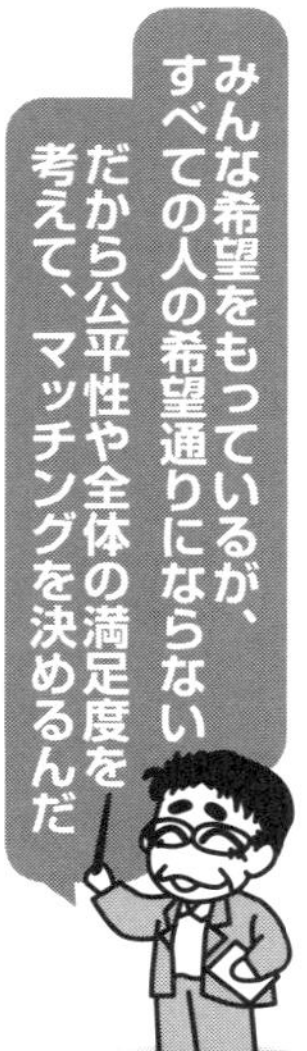
みんな希望をもっているが、すべての人の希望通りにならない
だから公平性や全体の満足度を考えて、マッチングを決めるんだ

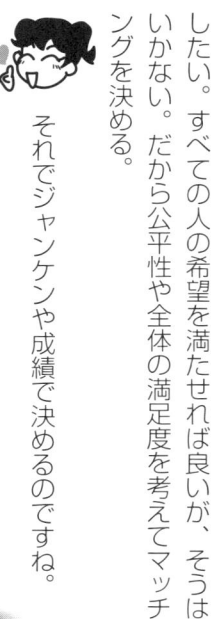

代表的なマッチングの手順を説明しよう。男の子五人と女の子五人をマッチングする。フィーリングカップル五対五だね。

何ですか、それ。

知らないよね。昔のテレビ番組。男の子五人と女の子五人が向き合って座る。そしてカップルになりたい相手の番号を押す。さあ、カップルが誕生するかどうかという番組だ。

あ～。スマップの番組でときどき似たことをやっています。スマップですから相手が女性というわけにいかず、男の俳優さんを相手に親友のカップルをつくるというものです。

ハハハ。親友ね。それではどうやってマッチングをつくるか。最初に、ひとりひとりが相手の五人についてウィッシュリストを出す。五人を好みで順位づけたリストだ。

男の子は女の子五人を、女の子は男の子五人を好みの順に並べるのですか。それをひとりひとりリストにして提出する。

集まった一〇人分のウィッシュリストを使って自動的にマッチングができる。まずプロポーズ側とジャッジ側を決める。どちらでも良いが、男の子をプロポーズ側、女の子をジャッジ側としよう。

まあ良いでしょう。

男の子一番君のウィッシュリストを見る。そのリストで女の子二番さんがトップに来ていたとする。そうすると一番君は二番さんにプロポーズして、二番さんはそれを受け入れる。一番君と二番さんでマッチングができる。

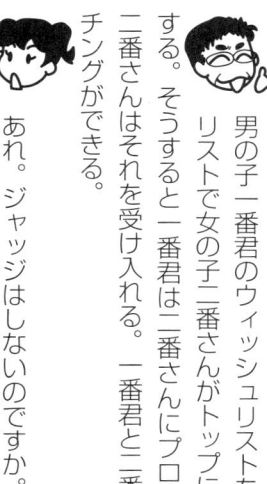

あれ。ジャッジはしないのですか。

まだ誰ともマッチングしていないと無条件にプロポーズを受け入れる。次に二番君だ。同じように自分のウィッシュリストにしたがってプロポーズする。そのトップが五番さんだとすると二番君と五番さんでマッチングができる。次に三番君が二番さんをトップにしていたとしよう。二番さんから見ると、一番君とマッチングしているところに三番君からのプロポーズを受ける。それで今度は二番さんのウィッシュリストを見る。

二番さんが一番君と三番君のどちらを上に書いているかですね。それでジャッジする。

その通り。上位に書いてある男の子とマッチングし、下位の男の子を断る。断られた男の子は、次へ行こうということで、リストの次の人にプロポーズする。

そうやってプロポーズとジャッジを繰り返していけば、最終的に必ず五人と五人のマッチングができる。

そうしてできあがったマッチングは安定だ。

マッチングが安定とはどういうことですか。

ある人が、自分のマッチング相手をもっと上位の人と換えようとしても、その人は自分よりも上位希望の人とマッチングしているから相手にされない。

それでマッチングが壊れない、安定ということですね。でも現実には、せっかくマッチングしても相手の悪いところがだんだん見えてきて、相手がリストの下位へ行ってしまう。それでマッチングを解消して別の人と…。

これこれ。昼ドラの見過ぎだよ。このマッチング手順は人数や配属先が増えても同じように使える。アメリカでは研修医の病院配属や提供された臓器の適用患者を決めるのに使われている。エネルギーでは分散型電源と需要とのマッチングに使えるだろうね。

ゼミ配属もこの手順を使ってくれれば良いのに。

面白いことがある。どれぐらいウィッシュリストの上位の人とマッチングしたか。これを満足度としよう。そうすると平均の満足度は常にプロポーズ側が高く、ジャッジ側は低い。

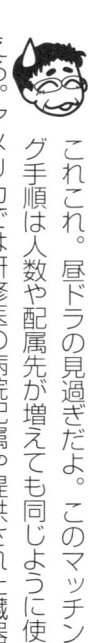

エッ。ジャッジ側の方が順位の低い人とマッチングしているということですか。

そう。受け身だからね。プロポーズしてきた相手の順位を見ているだけだ。

じゃあプロポーズ側になった方が良いですね。積極的な方が良いということか。

そう。何事も積極的に動く方が得だ。これは覚えておくと良い。しかし一方で、プロポーズ側は断られるという心理的ダメージを負う。学生の就職活動は、学生がプロポーズ側、企業がジャッジ側になる。プロポーズがうまく行けば良いけれど、何回も、何社にも断られることがある。心もくじけるだろう。就職活動がうまく行かずに、腹いせにマンションから生卵を道路に投げ落としていたという事件があった。

そうでしたね。就職といえば、マスコミで学生の就職活動の時期が話題です。たしか、経団連が去年は八月からだった企業側の選考時期を今年は六月からに早めようとしているとか。

採用活動は企業にとってもっとも重要な活動のひとつだ。企業の活力に係わってくる。そして注意が必要なのは、かつては経団連に所属する企業が学生の就職活動にとって支配的だったが、それが変わってきていることだ。

外資系の会社が増えてます。

外資系の会社もそうだし、ＩＴ系、ゲームソフト、コンサルティングなどの分野で経団連には所属しない企業が増えてきている。規模は大きくないが学生の人気は高い。そういう企業は経団連の倫理憲章に縛られないので、早くに採用活動を行う。すべての企業が同時に行えば、ウィッシュリストにしたがった良いマッチングができる。しかし時期が変わればリストの順位も変わってしまうだろう。経団連所属企業の中に、ルールを守っているとバカを見るという気運が生まれるのは当然だ。

学生の早めに決めたいという心理は強いですよ。

時期を変えてリストの順位を変える。大学も同じことをやっているよ。受験生が早く決めるように推薦入試とかＡＯ入試とかね。

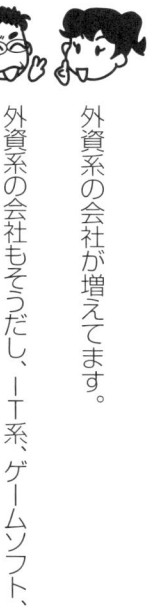

抜け感って、先生、今回は髪のお話ですか
ええ～、知らないの？

第45回 抜け感

冗談ですよ。抜け感っていうのは女性ファッションの話です。完璧に着飾るのではなく、どこか抜けた部分をつくる。ナチュラルさや着崩しを取り入れて気取らず力を抜いた感じを出す。そうして可愛さや親しみやすさを出すファッションスタイルのことです。

そうそう。おしゃれを完璧にしてしまうと堅苦しいし、余裕がないようにも感じられる。近寄りがたい雰囲気をつくってしまうからね。

そうなんです。どこかで適度に力を抜く。そしてナチュラルな雰囲気がある着こなしをします。ところで抜け感がどうしたのですか。

社会全体に抜け感が必要だと思ってね。抜く、抜ける。そういう部分があった方が良い。

社会全体に抜け感があったほうが良いんだ

たしかにそうですね。何か息苦しくなっています。

どんどんとね。薄っぺらな正義や形だけの倫理が横行しているからだ。一般の人でも政治家でも芸能人でも、何か事件を起こす、不用意な発言をする。もうたいへんなことになる。

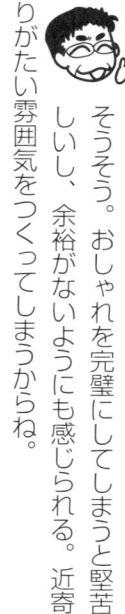

ネットやマスコミで総叩きになりますね。芸能人の不倫、同性愛は異常だ発言、デザインの盗用疑惑…いろいろとありました。

子どものイジメとまったく同じだ。脳の中で興奮ホルモンが放出されて止まらなくなるのだろう。それで叩き続ける。問題の本質など考えもしないし、良い社会を目指すわけでもない。

一億総クレーマー、過剰反応社会と言われますね。

社会全体が委縮してしまう。やり過ごすだけになり、何の問題解決にもならない。やる気をなくし、かえって効率を悪くしてしまう。行政事業レビューが良い例だ。

かつては事業仕分けと呼んでいたものですね。政治家と識者が行政事業にメスを入れてムダをなくす。行政官と事業主体を呼んで追及する様子が放送されていました。

上から目線で怒鳴ってチクチク皮肉るだけ。何の役にも立たない。まさにこの連載の第三六回、ダニング・クルーガー効果だね。これが何の役にも立たないということがわからない人が、役に立たないことを行う。

少なくとも、双方が同じ目線に立って議論すること、何か提案することが必要ですね。でもムダをなくすことは大事ではないですか。

そうかな？　高速道路を車が通る。最も効率が良いのは、全部の車が同じ速さで適切な車間距離を取って走ることだ。そうすると最もたくさんの車が通れる。このとき何が起こるかな？

渋滞もありませんし、全部の車が速く着けるから良いのではありませんか。

いや。何か起こるととんでもないことになる。何かといってもたいしたことではない。一台の車がトンネルの出口でちょっとブレーキを踏む。上り坂で一台の車がアクセルを踏み込むのが他より少しだけ遅れる。こんな些細なことが全体に伝わって壊滅的なことになる。ものすごい渋滞になってしまう。

あ～。行列やエスカレーターで将棋倒しになりそうなことがあります。

そう。理想的な状態であっても実現しない。計

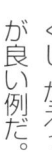

画通りに行かないからだ。小さなノイズや乱れでダメになってしまう。社会主義がうまくいかない大きな原因がこれだ。計画通りに社会や経済を動かせない。小さな乱れで容易に破綻してしまう。今の社会を見てみると、まるで社会主義のように教条的だ。…しなければならない、…してはならない。行動も倫理も正義もステレオタイプ化してきている。

それで抜け感ですか。抜けた部分をつくる。適度に力を抜く。

その通り。エスカレーターで前の人から一段空けて乗ることは、おそらく多くの事故を防いでいる。アリの集団は三割が遊んでいるように見えるが、他のアリに何かあれば代わりを果たすだろう。抜け感、余裕、遊び。こういう言葉の意味を良く考えることが大事だ。あることをひとつだけの視点で見るのではなく、多様な複数の視点で見る。これが問題の解決につながる。そして新しいもの、イノベーションを生み出して社会を前に進めていく原動力になる。

なるほど。たしかにビッシリ着飾っている人が並んだ会議で良いアイデアが出るとは思えませんね。

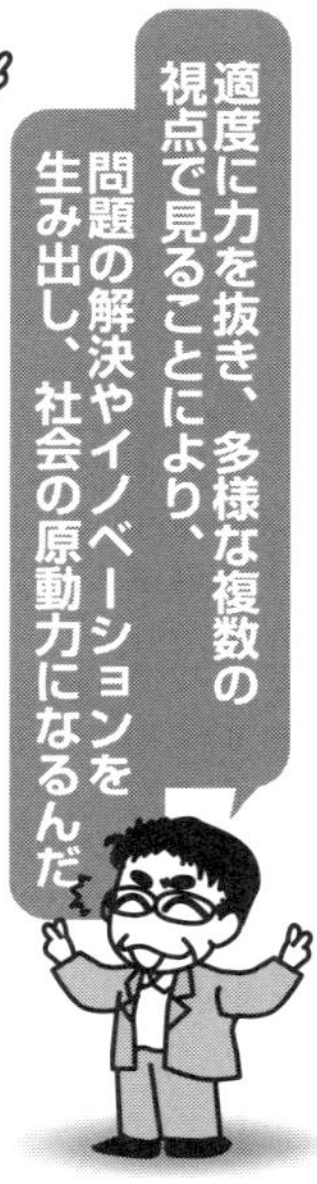

それに安全を確保するにも抜け感が必要だ。

エーッ。先生、それはおかしいです。安全に抜けがあってはいけません。

いや。多くの人が誤解している。機械や設備を微に入り細に入りチェックする。動かす人や検査する人の一挙手一投足まで規則で縛る。そうすればそうするほど安全が高まる。こう考えるのは間違いだ。

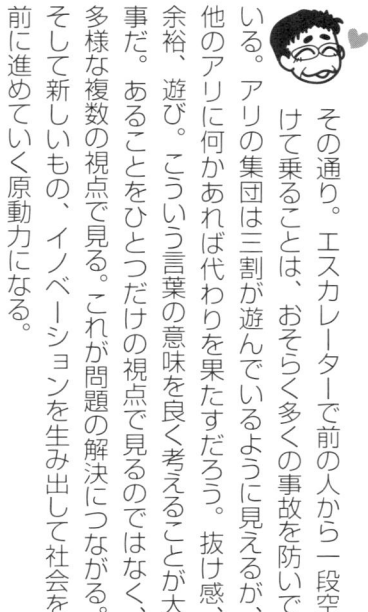

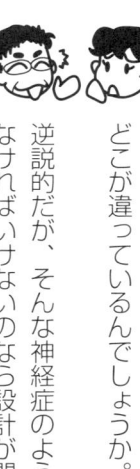

どこが違っているんでしょうか。

逆説的だが、そんな神経症のようにチェックしなければいけないのなら設計が間違っている。モノを重要さで分類し、バックアップするよう設計されている。もちろん抜けがあってはいけないが、そんなに神経質に子細にこだわるより、余裕をもって不測の事態に備える方がはるかに大切だ。

う〜ん。何となくわかるような気もしますが。

規則は安全を確保するのにとても役立つ。しかし、どこまでも規則でカバーできると考えるのは間違いだ。去年、ドイツの副操縦士が身勝手に旅客機をフランスの山中に墜落させたという事件があった。

覚えています。お手洗いに立った操縦士を、コックピットのドアをロックして締め出して起こした事件です。テロよりもひどい事件でした。

原因はコックピットのドアだ。ハイジャック事件の教訓として、内側からロックすると外からは開けられないようになっている。それで締め出されてしまった。この事件を受けて、今度は操縦士のひとりが席を立つときには必ず代わりに乗員のひとりが操縦室に入るという規則をつくろうとしている。それでは交代で操縦室に入る乗員の資格をどう決めるか。資質をどうチェックするのか。締め出すのではなくても、密室空間でひとりを気絶させるぐらいなら武器がなくてもできる。これをどう防ぐか。

規則で追いかけて行ってもキリがないですね。どうすれば良いのでしょうか。

後追いで規則を積み重ねていくことでは防げないだろう。この事件では、メンタルに問題を抱えた人がいて、無関係の人々を巻き込んで自殺をしようとしていることがわからなかった。これが問題だ。クルーチームがチームとして機能していなかったのではないか。相互の信頼、チームワーク、和気あいあい。このような価値観が社会から失われつつあることの方に注意を向けるべきだろう。

抜け感といって良いかわかりませんが、先生のおっしゃりたいことはわかります。

それでは最後に。白河の〜清きに魚も住みかねて〜もとの濁りの田沼恋しき〜。チャンチャン。

寛政の改革ですね。

先生、聞いてください
みんな、ひどいです
エッ、
どうしたの?

第46回
傍観者効果

ある課題でわからないところがあったので、クラスのメーリングリストにメールを出したんです。誰か教えてって。そうしたら誰からも返事がなくて。みんな冷た過ぎませんか。

ハハハ。メーリングリストだとクラスの全員に同じメールが届く。傍観者効果が起きてしまった。

傍観者効果ですか?

うん。メールを受け取る。クラス全員が同じメールを受け取っていることがわかるから、誰かが答えるだろうと思ってしまう。それで結局誰からも返事が来ない。多くの人がいることによって、自分が返事するべきという責任感が薄まってしまう。責任の分散だね。

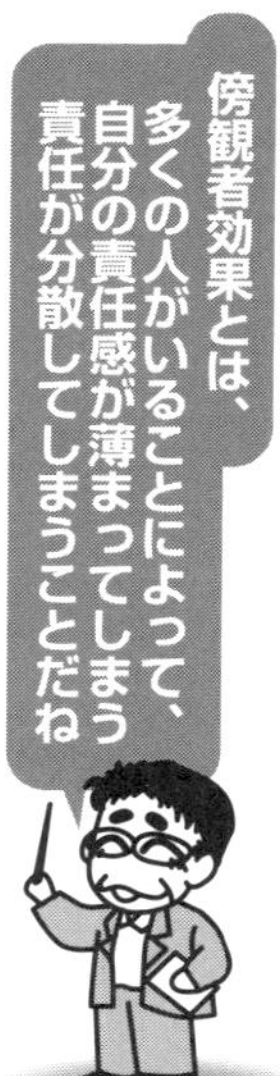
傍観者効果とは、
多くの人がいることによって、
自分の責任感が薄まってしまう
責任が分散してしまうことだね

そうか〜。メーリングリストじゃなくて、個別にメールを出せば良かったですね。

返事が欲しいときは一斉メールは止めた方が良い。傍観者効果が起こるのは責任の分散と、もうひとつある。ソーシャルシグナルだ。

あ、ソーシャルというのは前に教えていただきました。社会と訳しますが、人と人の関係、人と人をつなぐという意味ですね。

その通り。人と人の間のシグナルだ。ある実験が行われた。インタビューをしたいと言って人に来てもらい、待合室で待っていてもらう。その部屋に煙を流し込む。まるで火事が起きたようにね。

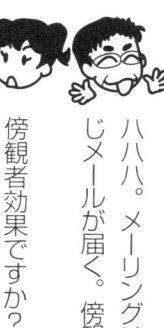

何かおかしい、火事じゃないかと思うはずですね。

そう。待合室にひとりだけのときは、すぐに部屋から出てきて何か起きているか、誰か他にいないかチェックする。ところが複数の人が待合室にいると違ってくる。同じように部屋に煙を流し入れる。今度は誰もなかなか部屋から出てこない。

へ～。どうしてですか。

部屋に煙が入ってくる。他の人を見ると誰も動かない。落ち着いて座っている。この人はこの煙はたいしたことではないと知っているからだろうと考える。だから問題はない。自分も座っていれば良いと思ってしまう。まして、それが何人もいれば、なおさらだ。

なるほど。同じことを他の人も考えるのですね。誰も動かないので問題はないと思う。それで結局は、全員が落ち着いて煙にまみれている。

これがソーシャルシグナル。他の人の行動をシグナルとして状況を推測する。もし他の人の行動が間違っていると自分も間違ってしまう。緊急避難のときに集団が間違えてしまう原因だ。劇場で火事が起きる。劇場には出口がたくさんあるのに、多くの人がひとつの出口に集中してしまうことがある。

ソーシャルシグナルとは、
他人の行動をシグナルとして、
状況を推測することだ

みんなが行く方について行ってしまうのか。避難訓練を単に繰り返すだけでなく、こういうこと、つまり集団で間違えることがあると知らせて欲しいです。

都会の雑踏で人が倒れる。たくさんの人が通りかかる。足をいっとき止める人もいるかも知れない。でも誰も助けの手を差し伸べない。

都会の人は冷たいですね。

都会の人が冷淡かどうかは別にして、これが典型的な傍観者効果だ。たくさんの人がいる。責任が分散されるから自分に助ける責任があるとは考えにくい。そしてソーシャルシグナルだ。他の人が助けないのを目にする。それから状況を判断する。助けが必要なら他の人が助けるはずだ。だから助けが必要な状況ではないと考えてしまう。

人が多いほど起こりやすいのでしょうか。

そう。多くの人が関係するほど責任が薄くなり、ソーシャルシグナルはどんどん強化される。企業や行政組織でも傍観者効果が起こりやすい。

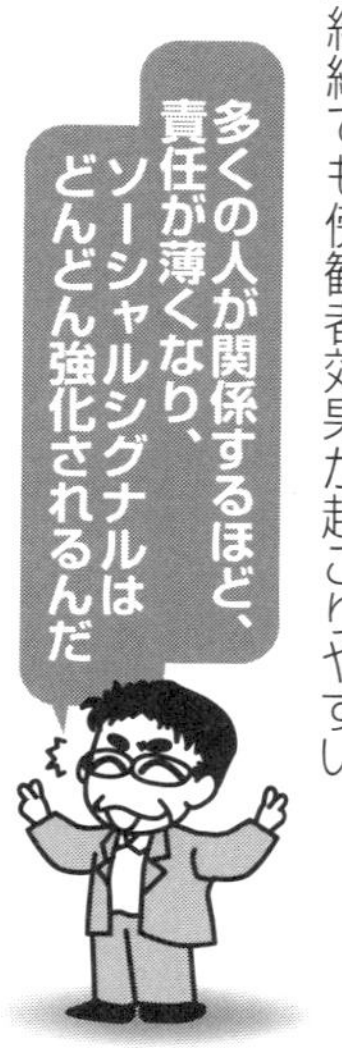

何か問題があっても、誰かやるだろう、誰もやらないのはたいした問題ではない。そう考えてしまうのですね。

仕事に何か問題点がある。こう改善すれば良いという同じ考えをみんなもっている。でも誰も言い出さないし行動もしない。改善が自分の責任だとは誰も思っていないからだ。それで企業では現場の小さな声を拾うことが大事になるし、行政組織は責任を明確にするためにどんどん部署を細分化していくことになる。

無駄に部署をつくっているのではないのですね。たくさんの人が関係するのであれば、エネルギーや環境問題もそうですか。

傍観者効果が働く典型的な問題だ。自分がそう深く関係しているとは思えない。日本だけでも一億分の一だからね。どうしても現実離れした理念先行の議論になりがちだ。

COPで知られる気候変動の締約国会議。もう二一回も開かれているそうです。回を重ねることで何か進展しているとは思えないです。

何よりもまず理念とスタンスが大事な会議だからね。それと新しい傍観者効果が出てきている。ソーシャルメディアだ。

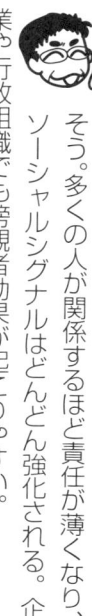

ツイッターとフェイスブック、それにラインなどですね。

これらはひとつの部屋の中にたくさんの人がいるのと同じ状態だ。情報と情緒を共有する多

くの人がいる。責任は分散するし、他の人からソーシャルシグナルを大量に受け取る。そこで誰かが人の誹謗中傷を始める。公序良俗に反する写真をアップする。するとたくさんの人が軽い気持ちで「いいね」ボタンを押し、写真を転送する。

クリックするだけですからね。実際の社会よりもずっと簡単です。だから責任は感じないのでしょうね。でも結果は重大です。ネットいじめや炎上につながります。たしかスマイリーキクチさんがネット上で中傷被害を受け、名誉棄損罪で二〇人ほどが検挙されました。

ネット社会の恐ろしさだね。人間の悪い性質が拡大される。

ソーシャルメディアにはもちろん良い面もありますよ。困っている人の情報を流す。災害時に必要な情報を素早く周知する。このようなことにはソーシャルメディアが大活躍です。

面白い話がある。アメリカの調査だ。寄付を募る情報をソーシャルメディアで流す。ものすごく多くの人がそれを転送して瞬く間に情報が拡散する。ところが寄付は思ったようには集まらない。

どうしてでしょうか。

人は情報を広めると何か価値のあることを達成したような気になるとのことだ。情報がどんどん広がっていけば寄付をする人も増えていくはずだからね。それで情報を広めることは、少しの金額を寄付するよりもずっと価値が高いと考える。

だから情報が広がる割に寄付は集まらないのか。

新しい傍観者効果だ。ちょっとしたことを行って責任を果たしたと思ってしまう。いずれにしても、人間には傍観者効果があるということを知っておくべきだ。困っている人がいる。たくさんの人がいればいるほど誰も助けない。みんなが同じ方向に動く。しかし、誰も良くわかっていない場合がある。

そうですね。客観的に判断し、自分から一歩踏み出す。このように心がけたいです。

ウソヨって、今回は嘘についてですか?
いや
逆から読んでごらん

第47回 ウ・ソ・ヨ

ひっくり返してと…ヨソウ。あ、予想のお話ですか。

そう。競馬に「予想は嘘よ」という格言がある。予想なんて当たらない。被虐的とも自虐的とも取れる言葉だ。

当たらないなら予想なんてしなきゃ良いのに。

いや。そうはいかない。人間は予想に基づいて行動を決める。社会には予想がゴロゴロころがっている。予想の他に予測、予報、予知、予見、予言などの言葉を使うが、すべて同じこと。今の状態から未来の状態を前もって予想することだ。

人間は予想に基づいて行動を決めているんだ

経済予測に天気予報。地震予知というのもありますね。予言となると占いか神様でしょうか。

競馬新聞の情報からレースの結果を予想する。株価や為替がどのように変わっていくか予測する。明日の天気、明後日の天気を予報し、地震がいつどこで起きるか予知する。

どれが当たって、どれが当たらないですか?

この中で一番当たるのは競馬予想。平均すれば強い馬が勝つからね。しかし、みんなが同じように予想するから馬券でもうけるのは容易でない。経済と天気は近いところは当たる。明日とか明後日はね。でも先のことになると当たらない。地震予知はまったく当てにならない。

そうなんですか。どうしてでしょうか。

まず知っておくべきこと。ランダムなことは予想できない。

サイコロを振るような場合ですね。

どの目も出る確率は六分の一。次にどの目がでるか、神でもわからない。予想できないし、予想してもムダだ。宝くじやルーレットはこういう偶然性に賭けるゲーム。どこで買おうと、履歴をどれだけ覚えようと意味はない。

数寄屋橋の売り場で買おうが、どんな数字を選ぼうが同じということですね。

そう。当たる確率が上がるわけでもないし、下がるわけでもない。サイコロや宝くじと違って、経済、気象、地震はランダムな現象ではない。何らかのメカニズムに基づいて起こる。

そのメカニズムがわかれば未来のことがわかる。予想できる。

その通りと言いたいが実は違う。単純なものと複雑なものでまったく違ってくる。まず単純なものとして天体運動を取り上げよう。

惑星や彗星の動き。スペースシャトルの運動などですね。

これらはニュートンの法則にしたがって運動する。ニュートンの法則を使えば、天体の運動やスペースシャトルの軌道が正しく予測できる。

彗星が何十年後に地球に近づくか。日食がいつどこで見られるか。ピタリと当たります。

ところが、経済や気象、地震は天体運動と違いとても複雑だ。いろいろな要素で出来上がっている。そして要素同士の間に複雑な相互作用がある。

そうですね。経済は生産、流通、消費が絡み、株ではさまざまな機関投資家や個人投資家が複雑に行動します。気象は日照、海流、風、雲、地形などが関係し、地震は地球内部の複雑な地形とプレートの動きの相互作用で起こります。

問題が二つある。現象が複雑なのでモデル化が難しいことと、モデル化できたとしても複雑な相互作用のために全体の動きがカオス的になることだ。

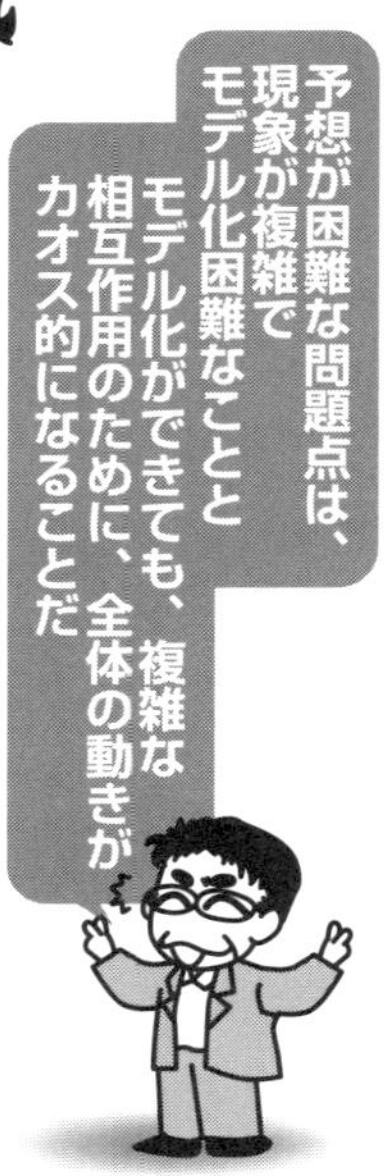
予想が困難な問題点は、
現象が複雑で
モデル化困難なことと
モデル化ができても、複雑な
相互作用のために、全体の動きが
カオス的になることだ

カオス！　前に教えていただきました。近くは予想できるが時間が離れると分からなくなる性質です。

エラい。良く覚えていた。それでメカニズムがわかってモデル化が正しくできても、先のことは予想できない。先になるほどわからなくなる。経済、気象、地震はすべてこういう性質をもっている。

全部を理解しても予想できないのですね。

天気予報では、そのときの測定データをもとにしたコンピュータの計算結果と、過去の似たような状況を参考に気象予報士が判断する。明日、明後日までぐらいは良く当たるけれど、一週間後、一〇日後になるとあやふやになってくる。その先は当たるも八卦当たらぬも八卦になる。

たしかスーパーコンピュータが開発されていて、気象にも応用できると報道されていましたが。

現象の本質にカオス的性質がある。計算能力を増やしても未来に向けて高精度で計算するのは難しい。

じゃあ地球温暖化で議論になる二一〇〇年の気象なんて予測できないのではありませんか。

時間を進めて計算することは意味がない。代わりに仮に空気中の二酸化炭素濃度が増えたらどうなるかという計算をする。二一〇〇年までの途中の段階を扱っていない点と、些細だとして無視しているメカニズムの効果が本当に無視できるか不明という点があり、そう確実性はないと言える。計算や計算結果に合理性がないわけではないが。

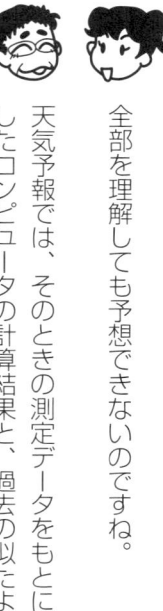

先生らしくない。歯切れの悪い言い方ですね。

まあまあ。経済や地震も同じだ。ちょっと先は予想できるが、ずっと先はわからなくなる。

ここ数日で株価が下がっていくとか、大きな地震の後で余震が起こるとかは予想できるのか。

そう。でも一年後の株価や経済予測、いつどこでどれぐらいの地震が起こるという地震予知は全部当てにならない。単に自分の考えや信念を述べているだけと思って良い。しかし、何か言っておけば当たることもあるからやっかいだ。当たれば大騒ぎする。一方で外れても一年後には誰も覚えていない。

地震では「今後三〇年以内に震度六以上の地震がどこどこで起こる確率が七〇%」という発表があります。確率が七〇%なんて言われると、明日にでも起こるようで怖いです。

ああ。あれは予測でも予知でもない。そのあたりで一〇〇年、二〇〇年と大きい地震が起こっていないと、そのうち起こるだろうと確率がどんどん上がっていく。単純な統計処理の結果で、いつどこで起こるという予想ではない。まあ、気にしてもしようがない。

そういうことですか。

いろいろな現象のメカニズムを理解すること。これは進んでいくだろう。しかし、メカニズムを理解することと、特定のケースについて未来を予測することはまったく別のことだ。これは知っておいた方が良い。

フム。メカニズムを理解しても特定の予想はできない。

メカニズムに基づいてモデルをつくる。モデルにしたがってコンピュータで計算する。ずっと先まで計算できるし、もっともらしい結果が出てくる。すると誰もが、間違いない、その結果が正しいと思いがちだ。しかし残念だが、時間を延ばしていく計算はカオス的性質のためにあまり信頼できない。

わかりました。予想は嘘よ、ですね。

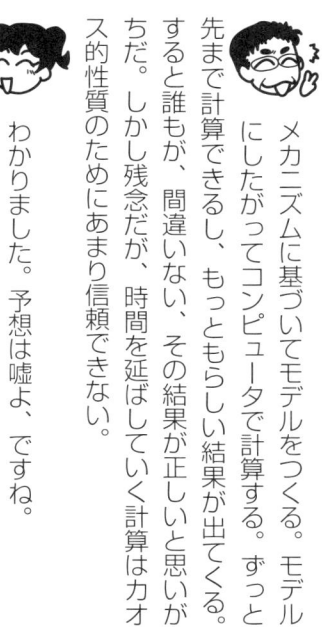

先生、お片付けは得意ですか？
うん！理論は完璧に身に付けている

第48回 コンマリ

ハイハイ。スルーしますね。お片付けと言えばコンマリさん。わたし、大ファンです。

コンマリ。片付けコンサルタントの近藤麻理恵さんのことだね。ご存じない読者もいらっしゃるだろうから、コンマリ流の片付けを解説してよ。

いいですよ。ポイントはふたつです。まず捨てること。そのときの基準は「ときめく」です。それがときめくかどうか、これで判断します。ときめかないものは、今まで役立ってくれたことに感謝して処分します。もうひとつのポイントは、片付けるときにいつでももどれでも使えるようにしておくこと。靴下やTシャツは引き出しに立てて入れるようにします。全部が見えますから。

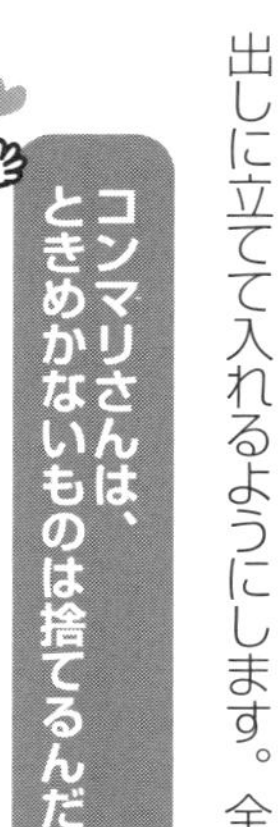
コンマリさんは、ときめかないものは捨てるんだ

すばらしいね。片付けというと、ほとんどの人はスペースをどう有効活用するかを考える。コンマリさんはそうではなくて捨てることから入る。そして捨てるかどうかは、ときめくかどうかで決める。

女性は特に衣服が増えていきます。うまく捨てていかないと、すぐにクローゼットが一杯になります。

着るものがない。男性がこう言うときは本当に着るものがないときだ。これに比べて女性が着るものがないと言うときは、実は着るものはたくさんあるのに、気に入るものがないときだね。

父と母はその通りですが…。

コンマリさん著書の英訳本が出てアメリカで火がつき、人気が世界中に広がっている。去年

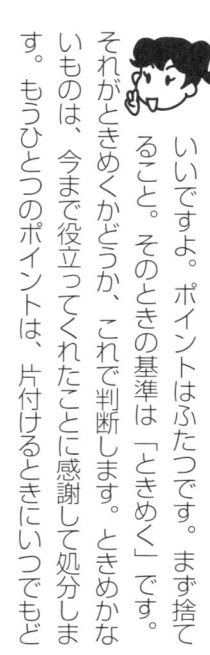

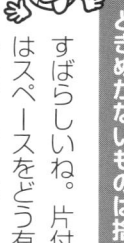

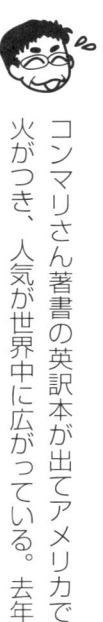

のタイム誌で世界の影響力ある一〇〇人にコンマリさんが選出されたほどだ。

え～。そうなんですか。ときめくって英語ではどう言うのでしょうか。

スパークジョイ。喜びが火花のように閃く。ときめくより直接的だね。

国民性の違いでしょうか、面白いですね。でもアメリカの家は広いですから、そんなに片付ける必要もないように思いますが。

いや、広くてもそう変わらないよ。人類の歴史から来るものだから。

どういうことですか。

尖った石を矢じりやナイフに使っていた石器時代から終戦後、高度成長期の前に至るまで、人類はそうたくさんのモノをもっていなかった。何か壊れたら新しいモノを手に入れる。無くなれば補充する。捨てるモノがたくさんあるわけでなく、ゴミの量もたいしたことはなかった。ところが、ここ五〇年間でこの構図が一変した。短い間に社会は高度成長を経て、多様なモノから選択的に消費する高度消費社会に移り、いろいろな商品が次々と出てくるようになった。

衣服に雑貨。安くて良いもの、かわいいものがたくさん売られています。多くの人が必要以上に買っているでしょうね。プレゼントの交換もよくしますから、プレゼントとしてもらうものも多いです。日用品や家電製品は新しい機能をもつもの、効率の良いものが次々に発売されます。

入ってくる量と同じ量を捨てていかないと、家の中がモノであふれることになる。ところが歴史的に人類は、まだ使えるものや役に立つものを捨てるという経験をしてきていない。捨てるのはとても苦手だ。誰でも油断しているとすぐに汚部屋になってしまう。捨てられないというモノへの執着が不要物の収集にまで高じてしまうことがある。するとゴミ屋敷になってしまう。

ゴミ屋敷ですか。いろいろなところで問題になっていますね。周りは大迷惑です。

ほんの短い間に人類は経験したことがない豊富なモノに囲まれる社会になった。あふれるモノとの心理的関係はとても脆弱だ。簡単にねじ曲がってしまう。汚部屋にゴミ屋敷。単純に片付けを怠けているという問題ではない。心理的な認知のズレが原因だ。根本的な解決はとても難しい。強制的に片づけても一時的だろうね。

逆の極端としてのミニマリストも同じでしょうね。

ゴホン。え～、スルーします。ともかく、現代の片付けは壊れたモノを捨てるのではない。これが片付けを難しくしている。

そうですね。まだ使えるモノを捨てなければならない。

いずれ使うかもしれない、そのうち役に立つだろう。こう考えると何も捨てることができなくなる。読者も経験しておられるだろう。この服はまだ着られる。この本はいずれ読むかも知れない。捨てるかどうか長い時間をかけて、ほんの少しの捨てるモノを選ぶぐらいなら、そのまま持っていた方がはるかに簡単だ。

それで着ることのない服、読むことのない本をいつまでも持ち続ける。コンマリ流はまったく違います。先のことは考えない。ときめくかどうか。これだけで捨てるかどうかを決めます。

いずれ使うかどうかではない。もっている強い理由がないなら捨てる。コンマリ流のすばらしいところだ。そうやって捨てることについての心理的な弱点を乗り越える。もうひとつ。捨てるということは機会コストの点でも大きな意味がある。

機会コストって何でしょうか。

何かの機会を別のことに使っていたら得られたであろう利益。これを機会コストと称して、失われた利益、コスト負担と考える。使わないモノがあふれているとしよう。これは単にモノを持っているだけでなく、持っていることによって損失になっている。もし捨てていれば空いたスペースを別のことに使えるからね。

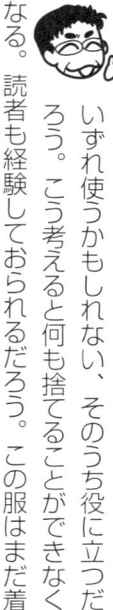

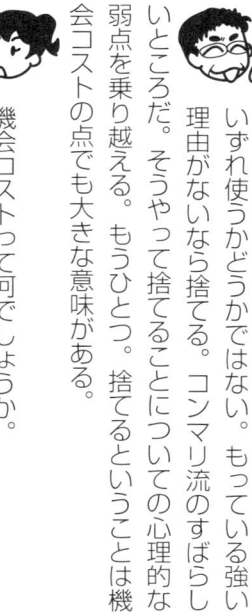

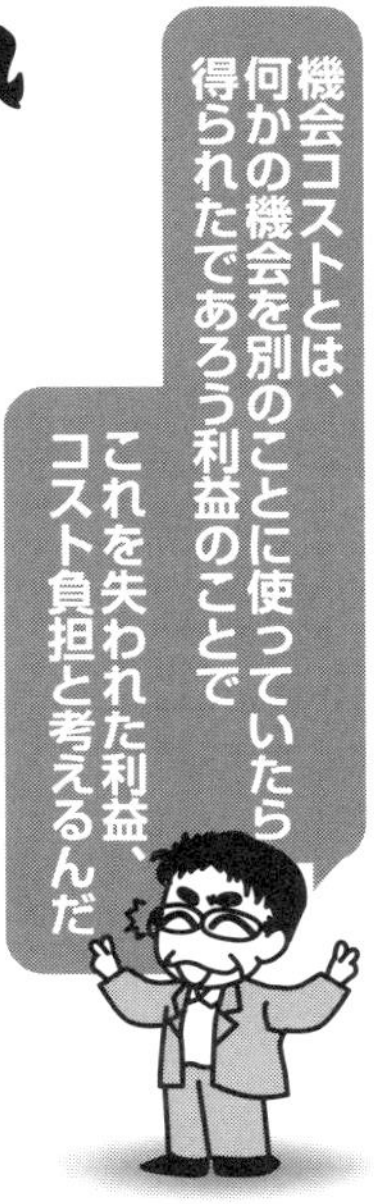

賃貸なら、もっと狭くて安いところを借りているのと同じなのか。

そう。住居費はここ数十年で何倍にもなっている。一方で衣服や雑貨の値段はそう変わっていない。安くて品質の良い衣服が販売され、一〇〇円ショップの品も良くなっている。

だからスペースのコストを考える必要が高いのですね。

意思決定には機会コストを考えることが大事だ。何かを選択するとき、その機会を別の選択に使っていたらどうか、スペースを別の用途に使えばどうか。

エネルギーについても同じですね。

その通り。太陽光発電や風力発電は広い土地を必要とする。その土地を別の用途に使えばという意味で機会コストの負担を考える必要がある。原子力では発電炉も同じだが、研究に使う出力の低い炉も何の意味もなく止めている。止めておくことによって多くの機会コストが失われている。

規制側の怠惰でしょうか。

そう。研究が大幅に遅れている。研究だけでなく学生の教育にも不都合が生じている。研究と人材の育成という意味で機会コストが将来への大きな負担になるだろう。

なるほど。機会コストを考えることか。それはそうと、先生の大学のお部屋。書類で一杯ですね。必要な書類を探すのがたいへんだと言っておられましたが、これも機会コストではないですか?

そうだけど書類はねえ。靴下やTシャツのように全部見えるようにするのが難しいからなあ。

言い訳をしない!

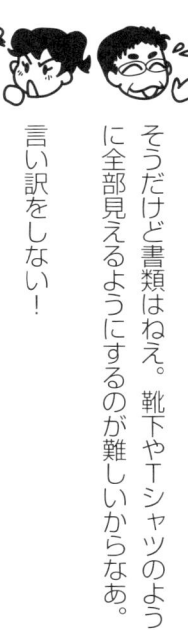

アメリカの大統領選挙、トランプ氏がいよいよ共和党の候補になりそうです
誰も思ってもいなかったよね
どう見ても良識ある民主社会のリーダーにはそぐわない

第49回
自己組織化臨界

人種や宗教についてのハチャメチャな過激発言が注目を集めました。こういう人が大統領候補になるなんて、アメリカでいったい何が起こっているのでしょうか。

いろいろ分析されているが、象徴的なことはふたつだろう。きれいごとばかりを主張するマスコミや評論家が国民から信頼されなくなっていること。そしてローカルに生まれた小さな不信や不満が、これまでとは違い、消えることなく社会全体に広がっていくようになったことだ。社会の情報交換が活発になったことの結果だね。

一時期はマスコミや良識ある人々がこぞって反トランプのキャンペーンを張っていました。共和党幹部にも反トランプを表明する人がたくさんおり、もうトランプ旋風は終わるのかと思っていました。

マスコミでは意識高い系の見解ばかりが流れてくる。それにしたがってつくった社会がこれだ。テロ、移民、差別、宗教、失業。問題だらけになっている。一方、インターネットでは本音やマスコミが伝えない雑多な情報が流れてくる。マスコミへの信頼が薄れてくるのもしかたない。

それに携帯電話とソーシャルメディアですね。さまざまな情報と個人の意見がたくさん流れてきます。

そこへ登場したのがトランプ氏。本来ならネットでしか流れない過激な見解を大声で伝え始めた。これが一部の人の共感を得たのだろう。

それだけなら大規模の支持にはならないんじゃないですか。

そこで自己組織化臨界だ。社会の臨界性が強くなって支持が広がったのだろう。

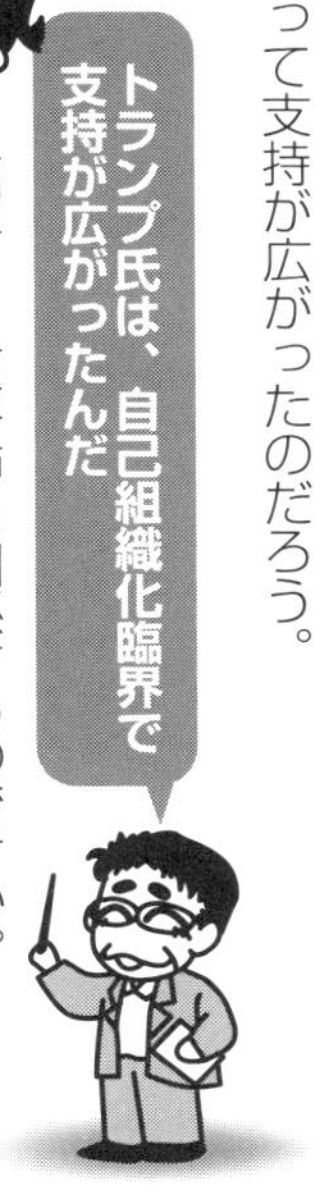

臨界？　原子炉と関係するのですか。

いや。原子炉の臨界とは違う。水が水蒸気に変わるような状態変化のことだ。

水は一〇〇℃で沸騰して水蒸気になります。それが臨界ですか。

上野にある不忍の池を考えてみよう。このほとりに立って小石を池に投げ込んでみる。どうなるかな？

小さい波紋が広がってそれで終わりです。

じゃあ大きなブロックを投げ込んだらどうだろう。

水しぶきが上がって大きな波紋ができます。

それでも数メートルも広がれば波紋は消えてしまう。不忍の池が臨界ではないからだ。小さい原因は小さい現象を、大きい原因は大きい現象を起こすが、それでも少し時間が経ち、少し広がると消えてしまう。

そうです。

それでは、仮に不忍の池の水が臨界で、ちょうど一〇〇℃だったらどうなるだろう。

投げ込んだ石の影響が遠くまで伝わりそうです。

その通り。影響が遠くまで伝わりやすくなる。そしてどんな規模の現象も起き得るようになる。池に石を投げる。投げ込んだあたりでボコボコと沸騰して終わることもあれば、遠くまで影響が伝わり広い範囲で沸騰が起こることもある。不忍の池全体で沸騰することもある。

石が小さくても同じですか。

同じだ。原因が小さくても、臨界にあるとどのような規模の現象も起こるようになる。

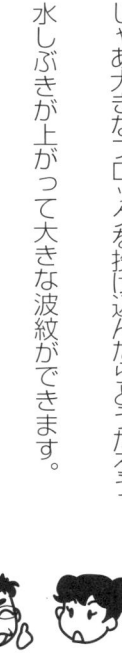

自己組織化というのは何でしょうか。

沸騰のような臨界は、温度をちょうど臨界にしたところでしか起こらない。ところが、たくさんの要素が互いに相互作用しているシステムは、内部の相互作用によって自発的に臨界になると考えられる。臨界になるように自分自身の中で組織化が起こる。それで自己組織化臨界と呼ばれる。

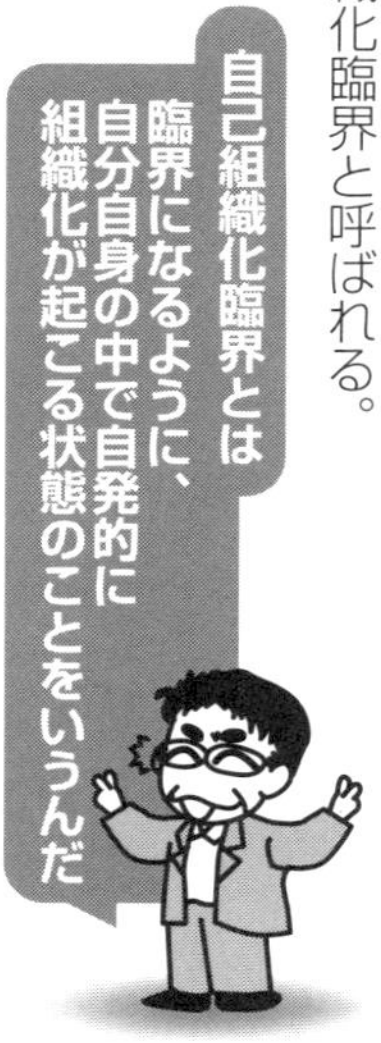

どのようなものがあるのでしょうか。

人間の脳は一〇〇億個以上の脳細胞でできている。脳細胞は互いに複雑に接続されてネットワークをつくっている。脳が高い機能を発揮するのは、自己組織化臨界になっているからだ。外からの小さな信号がそのあたりで消えてしまうことなく、素早く全体に伝わる。認知でも計算でも、脳の広い範囲が相互作用して反応できる。

へ〜。脳が臨界なのですか。

社会も臨界性が強くなっている。いろいろなものが複雑に繋がれるようになっているからだ。少し前に起きたコンピュータシステムの不具合による航空会社の運航停止。飛行には何の影響もないトラブルだが、全便の運航停止に至ってしまう。

瞬く間に全体に波及するのか。トランプ現象も同じですか。

そう。トランプ氏の過激発言に共感する人やグループが出てくる。かつては、それらはすぐに消えていった。ところが、インターネットとソーシャルメディアによって人の結びつきや情報の交換が劇的に変化している。社会が自己組織化臨界となっている。それで小さな火種が消えることなく、速い相互作用で急速に全体に広がっていったんだろうね。

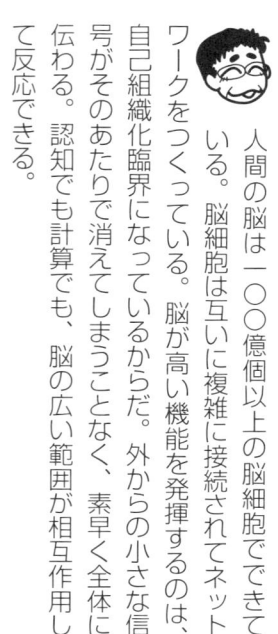

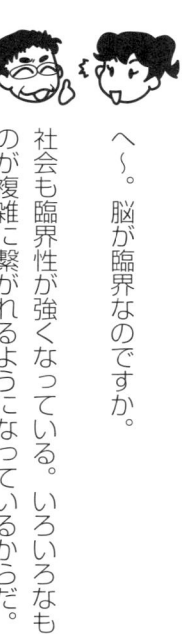

ではトランプ候補は大統領になれるでしょうか。

その予想は止めておこう。ここでの予想が結果を変えてしまうといけないからね。

エッ。このコラムはアメリカの大統領選挙にまで影響力があるのですか。って、そんなわけないか。

切れ味鋭いノリツッコミだね。経済マーケットも同じだ。たくさんの人と機関の相互作用によって自己組織化臨界になる。

影響が全体に波及して大きな変化が起こりやすい。世界的な株の大暴落がいつ起きてもおかしくない。こういうことですか。

そう。それも戦争のような大きな原因があったときに大暴落になるだけではなく、何の原因も見当たらないような些細なことから大暴落になることもあり得る。もうひとつ大事なのは、臨界性の強いシステムを指揮系統で動かすことや、コントロールすることがとても難しいということだ。

なるほど。それで反トランプキャンペーンもうまくいきませんでしたし、世界中でいつも金融不安が懸念されているけれど、有効策が見当たらないわけですね。

エネルギー分野では、スマートグリッドが導入され、いろいろなモノがインターネット接続されるようになるだろう。もちろん便利にはなる。しかし、自己組織化臨界によって広い範囲に影響の及ぶトラブルがとても起こりやすくなること、そしてそれを防ぐようにコントロールすることが難しくなることに注意しておく必要がある。

そうか。つながりが増えていくと楽しい社会になっていくだけではないのですね。

いろいろなことが起こるし、社会の規範や常識も変化してくるだろう。これまでは芸能事務所と所属タレントが衝突すると、まず芸能事務所の勝ちだった。でも臨界性の強い社会では、何が起こるかわからなくなってくる。トランプ現象のようにね。たとえばスマッ…

ピ〜。強制終了します。

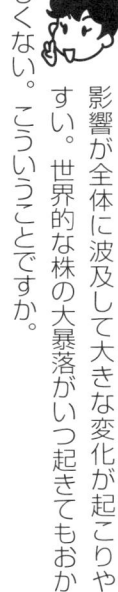

オオオオ〜、
やるのよ〜、
オオオオオ〜♪
音程は少し違いますが、ディズニー映画「ズートピア」の主題歌、トライ・エヴリシングのようですね

第50回（最終回）トライアル・アンド・エラー

良い映画だったよ。歌もすばらしい。

知っていますよ。先生、Amiちゃんのファンなんでしょ。

エヘヘ。

今日のテーマのトライアル・アンド・エラーにつながるのでしょうね。

エネカさん、どんどんキツくなっているね。そういうの嫌いじゃないけど。ゴホン。今日は最終回。問題解決を考えよう。現代社会のいろいろな問題をどう解決していくか、どう取り組むか。

先生、大上段に振りかぶらない。この連載の持ち味が消えますよ。

そうだね。それにしても仕切りがうまくなった。エネカさん、笑点の司会もできそうだ。

笑点ですか。観たことありませんが…。え〜と、今日のテーマは問題を解くということですね。問題といえば入学試験に期末試験。数学や物理ならまず問題の状況を理解する。そして方程式をたて、それを解いて答を出します。

現代人はその考えに毒されちゃっている。社会で何か問題が起こる。詳しく調べていけば問題が起こる仕組みが理解できる。試験問題のようにね。それで原因と問題点がわかる。原因を取り除いて問題点を直す。これが問題解決だと。ドラマの水戸黄門もハリウッ

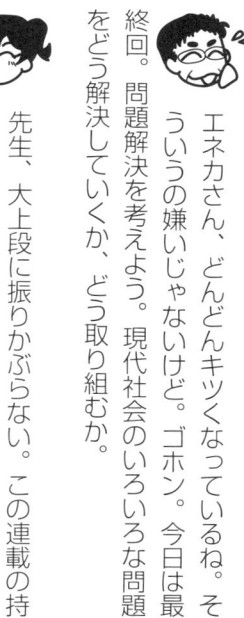

ド映画も全部こうなっている。

水戸黄門だと悪代官に悪い大店、ハリウッド映画だと悪い政府高官や大企業の陰謀が原因。それらを成敗します。そうか。悪代官に悪い高官、大店に大企業。水戸黄門とハリウッド映画はまったく同じ構造ですね。

観る方も両方とも同じことを望んでいるしね。ところが現代社会の問題でこんな単純な構造をしているものはほとんどない。経済、金融、エネルギー、環境、教育、少子化、国防、テロ、社会保障。ひとつひとつの問題にいろいろなことが関係して複雑な構造をもっている。何が原因で何が結果か、因果関係が不明確で、詳しく調べても何が原因かわからないことが多い。

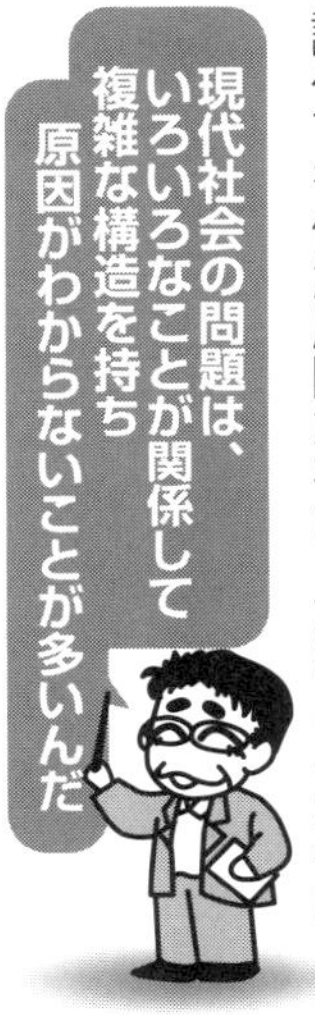

あ、システムですね。要素が集まって全体をつくる。要素の相互作用によって新しい全体の特性が出てくる。それで全体特性の原因を調べるためにシステムをバラバラにしていってもわからない。相互作用で全体が出来上がってくるプロセスに原因があるから。

すばらしい。専攻の学生より、あ、いや、専攻の学生と同じように良く理解している。複雑化は何も大きな社会問題だけではない。身近な問題や家庭内の問題。あらゆることが複雑化している。相互関係が複雑になり影響を及ぼし合うというシステムの特性をもつからだ。

そうですね。わが家にも祖父や祖母の介護問題が起きています。いろいろあって結構ややこしいです。

大事なことは、複雑化した現代社会の問題に対してこれまでのやり方は通用しないこと。これを知っておかなければならない。

詳しく分析して理解する。原因を取り除く。これが通用しない。

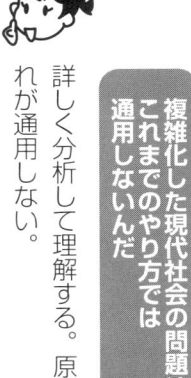

調べれば仕組みがわかる。それから解決策を導く。このやり方はとても魅力的だ。小学校から大学までこの考え方の教育を受け続けてきて、骨の髄までしみ込んでいる。だからこれが通用しないということは受け入れがたいだろう。でも現実はまったく違う。仕組みや原因は不明確で、正しい答や絶対的な解決策があるわけではない。

国際金融に日本の経済、少子化に介護問題。たしかにどの問題もこれが解決策というのはありません。それではどうすれば良いのでしょうか。

トライアル・アンド・エラーだ。仕組みがおぼろげにしかわからない。因果関係もはっきりしない。それでも現実は現実として動いていく。それで問題に対して何かを試してみる。何かを変え、介入してみる。そして現実がどう動くかを観察する。

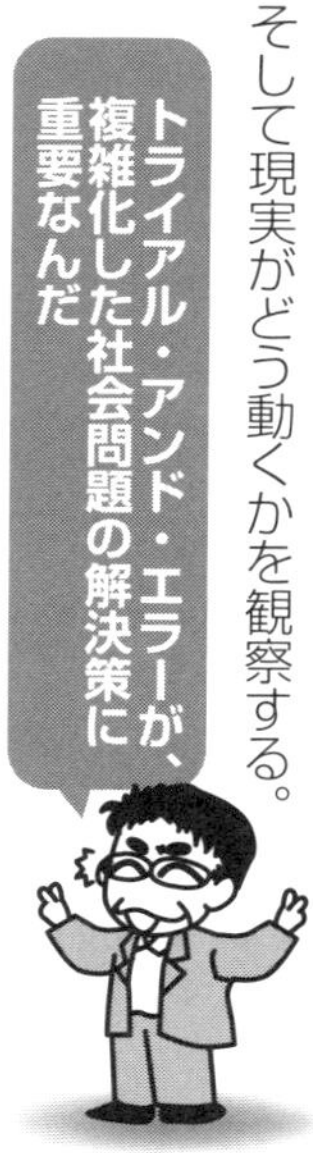

でも、どう転ぶかわからないのではありませんか。

わからない。でも何か変えられるものを見つけ、よりポジティブと思われる方向に小さなステップを踏み出す。

それで現実が良い方向に動けばその試みを進める。

もし悪い結果であれば別のことを試してみる。またダメなら、さらに別のことを試す。大事なのは試した結果のエラーから学ぶこと。エラーをエラーとして放っておくのではなく、次の修正に、次の試みに反映する。

学習ということですか。

そう。生物はトライアル・アンド・エラーで学習する。良い経験は次に活かし、悪い結果となった経験も次に反映する。赤ちゃんの成長はすべてトライアル・アンド・エラー。知能はこのような学習を通して獲得される。

知能ですか。じゃあ人工知能も同じですか。

基本的に同じだ。人工知能も経験を反映して学んでいく。ただし、まだ特定のことを学習していく段階にあるので、外から正解データを与えて効率的に学習することが多い。

生物や知能は複雑な環境で進化してきた。だから現代社会の複雑な問題に同じ考えを使おう。こういうことですね。

その通り。ここで大事なのはリスクをコントロールすること。介入によってダメージが生じることがある。これを許容範囲に抑えるようにする。もうひとつは、介入の大きさと効果の大きさが比例関係にはないことだ。小さな介入を試して、介入を大きくしていくときに注意が必要だ。

先生をほめると喜ぶけれど、大げさにほめると逆効果になることがある。

まあそうだけど。リスクのコントロールと介入の効果チェック。このためには、試してみる前にシミュレーションによっておおよそを把握しておくのが良い。マルチエージェントモデルなど社会経済現象のコンピュータシミュレーションの研究が進められている。今後の展開が期待されるね。

それでは最終回ですから、カッコよくおまとめください。…あ、ビデオカメラはありませんからカメラ目線は不要です。

世界レベルでも国レベルでも解くに解けない社会問題が山積している。平和も安全も将来も不安になるだろう。さらに身の回りにも単純な解決がないさまざまな問題がある。これが複雑化した現代社会の特徴であり誰でも同じ状況だ。迷い悩んでストレスなんか溜める必要はない。そもそもスッキリした解決なんて存在しないからだ。進めるべきは関係者の合意形成に向けて努力していくこと。そのために何かを試みる。そして解決に向けて修正する。これを継続していく。ズートピアのテーマにもつながっている。や～ってみる～の～♪

ありがとうございました。お礼に先生をカラオケで特訓してあげます。音程のエラーをちゃんと修正していきましょうね。

エネカさん、
久しぶりだね
ごぶさたしています
相変わらずですね先生
今回のタイトル、
ピリオドを無駄使い
していませんか

第51回（特別編）
エ.マ.ー.ジ.ェ.ン.ス.

カッコ良いからね。

はいはい。それでは本題に入りましょうね。エマージェンスって何ですか。

何かが出てくるってこと。発現、創発だね。

新しいものが出てくるということですか。

そう。でもまずは、ものの成り立ちを考えてみよう。古代ギリシアの頃から、人間は世界が何で出来ているかを考えてきた。

デモクリトスですね。万物はすべからくそれ以上分解できないアトムから出来ている。

それで原子をアトムと名付けた。古代ギリシア以降二〇世紀までの科学は、ものを細かく見ていく、そして真理に至るという考えに支配されてきた。

細かく見ていけばすべてのものは原子で出来ています。原子まで行かなくても、車や携帯電話を分解して行けば簡単な電子部品、機械部品で出来ていることがわかります。人間の体は六〇兆個の細胞で出来ています。

ブルゾンちえみさんだね。最近は六〇兆個ではなく三七兆個と言われているよ。

そうなんですか。細胞の中には遺伝子が含まれ、人体の情報はすべて遺伝子に書いてあります。

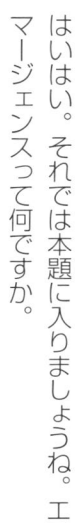

そして社会をバラバラに分けていけば、構成員である多くの人にたどりつきます。

このような分解によって自然、人工物、生物、社会を構成する要素がわかってきた。ところが要素を理解したからと言って、実は何も理解できないことがわかってきた。

どういうことでしょうか。

要素として原子、部品、細胞、人。それぞれ良くわかった。しかし、じゃあ何故、自然が多彩で豊かなのか、人工物が複雑な機能を果たすか、人間が複雑に動き、考え、感情をもつか、社会経済が予測できない動きを示すか。このようなことはまったくわからなかった。

何で出来ているかは理解した。でもどうしてそうなるのかは理解できなかったということですね。それなら音楽や絵画も同じですね。分けていけば音の大きさ、高さ、音色、絵なら色、濃さ、点や線といったことになりますが、それを知っても音楽の快楽や絵画の芸術性は理解できません。

そうそう。要素が集まって複雑な全体を示す。要素同士が相互作用する。要素と環境が相互作用する。膨大な数の要素のこういった相互作用が全体の複雑な構成を生み出す。

それが今回のテーマ、エマージェンスですね。

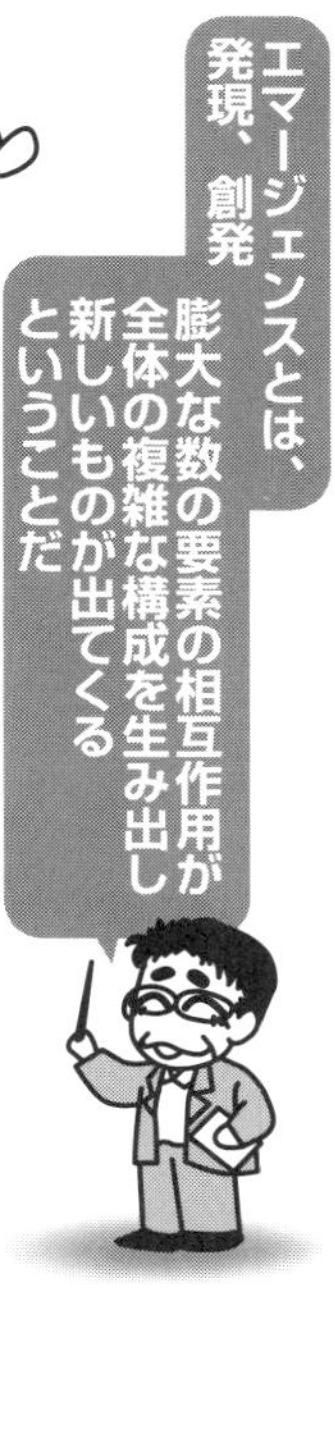
エマージェンスとは、発現、創発
膨大な数の要素の相互作用が全体の複雑な構成を生み出し新しいものが出てくるということだ

あらゆるものがエマージェンスだ。分けていってもわからない。要素とその相互作用から全体の特性が発現する。自然、人工物、生物、社会。みんなエマージェンスの結果だ。エマージェンスという見方をすること。そうすると、いくつかのことが見えてくる。まず、因果関係だ。

原因と結果の関係ですね。原因から結果が生じるだけではないのですか。

因果関係が良くわからなくなる。何か結果がある。原因を探るため分析していく。ところが何も見当たらない。それはそうだ。相互作用によって全体特性が出てくるので、どれかの要素が原因になっているのではないからね。

犯人のいない事件のようなものですね。事件を調べていく。あれ、犯人がいない。

うまい。でも刑事ドラマとしては成り立たないね。因果関係が不明確であること。いろいろと見られる。まず株式マーケット。ときとして大幅な価格変動が起こる。アメリカの証券取引委員会はすぐ調査に入る。紛争などのニュース、金融政策の変更、株式の誤った大口注文などが原因の候補となり細かく分析される。しかし多くの場合、これといった原因は不明だ。何らかのきっかけはあるにせよ、大きな価格変動の原因は株式マーケットの中の相互作用が原因とされる。

投資家の行動の相互作用で内部的に変動が拡大されるのか。

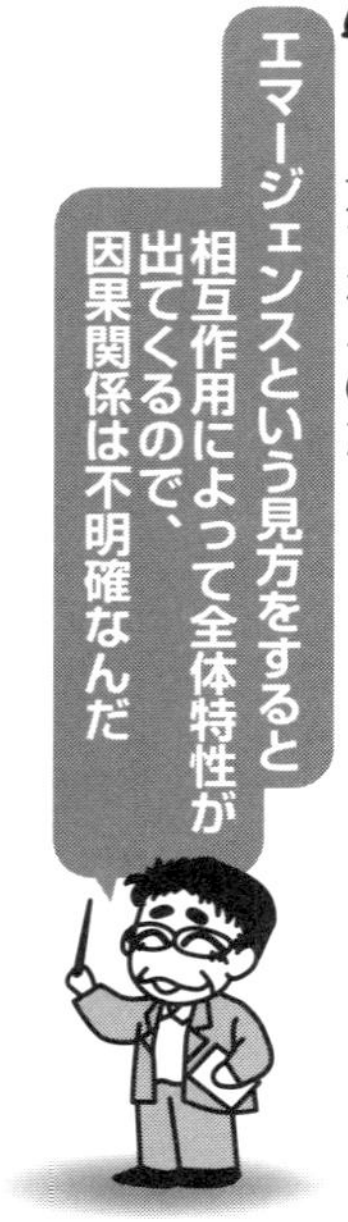

気候変動も同じ。人間活動による二酸化炭素排出が影響を及ぼしていることは間違いないだろう。しかし地球温暖化は複雑な物理、化学、生物的なプロセスの相互作用から起こるエマージェンスだ。何がどう寄与しているかはそう単純ではない。

ある先生が言っておられました。地球環境問題は原理主義的になっているから近づかない方が良いって。

ハハハ。因果が不明確。これを悪用していることもたくさんある。水子供養や風水だね。人生がうまく行かない。病気になる。不運の原因は良くわからない。

そういう心に入り込んでくるのですね。水子を供養していないのが原因だ。だからお金を出して供養せよ。壺を買えと。

風水も同じ。運の原因は誰にも良くわからない。それで運とどちらの方角に何色を置くかを関係づけるようにする。どうせ誰にもわからないから。

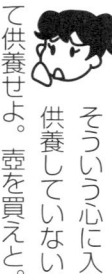

若い女性には風水好きの人が結構いますよ。

それはそれで話を合わせるようにする。害があるわけでもないし。

さすが先生。柔軟性はバッチリですね。

じゃあ次ね。エマージェンスによって要素の相互作用から全体特性が出てくる。だから要素を個別にわけて調べても限界がある。マーケティング調査や世論調査で分離されたひとりの人の意見や特性を調べる。これをたくさん集めて社会の動きを知ろうとする。

ひとりを詳しく調べても難しいということですね。

人は社会の中に埋め込まれている。家族や友人との関係もあれば、インターネット、SNSでの情報収集や意見のやり取りがある。社会の動向、世論というものは個人の集まりのエマージェンスとして出てくる。これを考えなければ間違えてしまう。

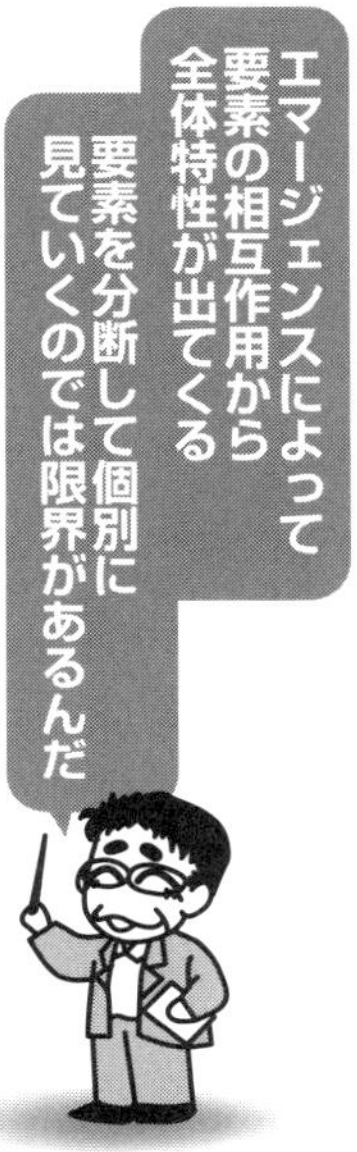
エマージェンスによって要素の相互作用から全体特性が出てくる
要素を分断して個別に見ていくのでは限界があるんだ

なるほど。個人を取り出して調べても限界がある。世論を読むこと、消費動向を見積もることは意外に難しいですね。それなら反社会集団に暴走族。ひとりひとりは反省もするし良い人であるかも知れない。でも集まると社会的迷惑となる。

面白い発想だね。個人と全体の関係と同じように、エマージェンスとしての人工物全体の性能は、要素や部品の性能を改善してもどうなるかはわからない。乗用車にものすごいエンジンを積んでも意味がないし、電子機器に超高精度の機械部品を組み込んでも無駄なだけ。

日本は精密加工技術に優れていますよね。精度の高い部品をつくることに意味はないのですか。

日本に高度な技術があることは誇って良い。しかし組み上げて全体を作るイノベーション、インテグレーションの力量に乏しい。部品作りに優れるだけでなく、ｉＰｈｏｎｅのような優れたシステム、Ａｍａｚｏｎに代表される優れた仕組みを生み出す発想と能力が望まれる。

先生がときどき言っておられるシステム創成ですね。

その通り。エマージェンスの最後のポイントは、予測が難しいこと。思いがけないことが起こるし、起こってみないとわからないことが多い。

サプライズですね。

ふるさと納税がそうだ。もともとは応援したい自治体に住民税を寄付する。それで地方活性化に役立てようとするものだった。

過去形ですね。寄付が欲しい自治体が返礼品を豪華に。納税者も返礼品目当てとなり、返礼品の比較サイトまで登場。

今度は納税の減った都市部の自治体が慌てている。税収が減って住民サービスができませんよ、と脅迫的に広報するところまで出てきている。

相互作用によって変な方向に進んでいる例ですね。

マイクロソフトの人工知能Ｔａｙも面白い例だ。おしゃべり機能をもつ人工知能をツイッター上に公開した。いろいろなユーザーと会話をやり取りして会話能力を学習していくことを目的としていた。ところが公開後わずか数時間で、ここに書くのをはばかられるような性差別、人種差別発言を繰り返すようになり、マイクロソフトはＴａｙを停止するに至った。

覚えています。複数のユーザーが不適切なことを教えたと聞きました。

意図しない結果になってしまった。でも、笑ってスルーするよりずっと貴重な経験だね。人が、特に若年層がネットの中の相互作用の中に組み込まれるとどうなっていくか。これに対するワクチン策はあるの

か。社会に役立つ研究ができると思う。

そうか。ぜひ仕切り直して欲しいですね。

このように、接続性、相互関係性が強くなった現代社会では、意図しない結果、予期できない結果がしばしば起こる。なぜだろうか。

う～ん。要素に重点を置いて、こうすればこうなるという単純なシナリオを考えるからではないでしょうか。

さすがに鋭い。そういう単純なシナリオに基づいて予測し、過去にうまく行った政策、他の問題で役立った方策を当てはめようとする。

ところが要素間の相互作用によって思いがけない結果となってしまう。エマージェンスで相互作用が卓越して働くから。

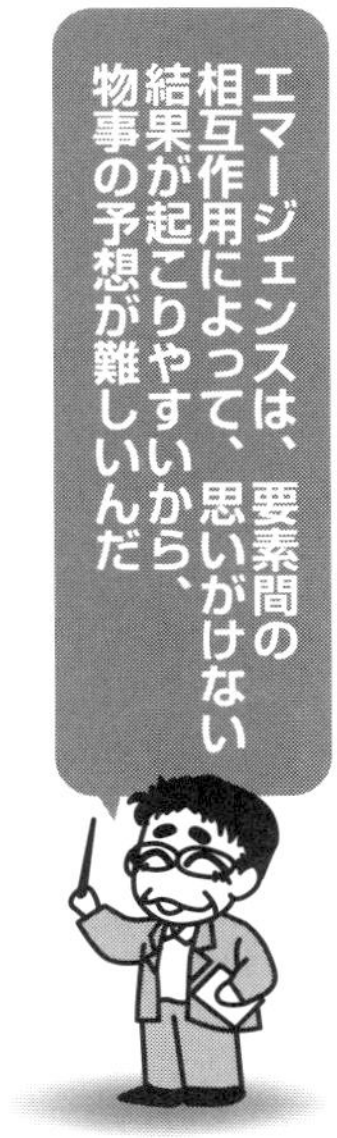
エマージェンスは、要素間の相互作用によって、思いがけない結果が起こりやすいから、物事の予想が難しいんだ

今日は長くなっちゃったね。エネカさん、それではまとめてくれるかな。

はい。エマージェンス、つまり要素から全体が出来上がってくるプロセスを考えることが大事。三つのポイントを教えていただきました。因果関係が不明確になること。要素を分断して個別に見ていくのでは限界があること。思いもかけない結果が起こりやすいことです。

そう。だから優れたCDや本が売れるわけでないし、売れているCDや本が優れているわけでもない。マスコミが自信満々に語る世論調査は、社会の実態を反映する度合いが減ってきている。政権や自治体がどのような政策を取ろうが、どんなにがんばって国民や住民に貢献しようと思っても、多くの政策がうまく行くことはない。不況、不況といっても、街を歩けば結構高額の消費がされているし、海外旅行に出かける人も多い…。

だんだん先生の愚痴になってきましたからこの辺で。みなさん、またね～。

エネルギーQ＆A

2018年 2月26日 初版 第1刷発行

著　　者　大橋 弘忠

発 行 人　長田 高

発 行 所　株式会社ERC出版
〒107-0062 東京都港区南青山3-13-1 小林ビル2F
電話 03-3479-2150 振替 00110-7-553669

印刷製本　芝サン陽印刷株式会社 東京都中央区新川1-22-13
電話 03-5543-0161

ISBN978-4-900622-60-9